기후변화 과학

기후위기의 원인들

KB072163

CLIMATE CHANGE SCIENCE

기후변화 과학

기후위기의 원인들

Teruyuki Nakajima, Eiichi Tajika 저
현상민 역 · 최영호 감수

씨
아이
알

저자 서문

지구온난화 현상의 주된 원인을 인간 활동에 주안점을 두고 설명하는 책은 매우 많다. 그로 인해 세간에는 지구의 기후변화나 지구온난화에 대한 정보와 지식이 차고 넘친다. 그렇다면 지구온난화에 대한 우리의 의문이 완전히 해결되었을까? 그렇지 않다. 왜냐하면 지구의 스케일이 너무 크고, 그 구성요소도 너무 다양하게 만들어졌기 때문이다. 뿐만 아니라 지구표층에서 일어나는 균형상태(여기서는 기후)가 너무 복잡하게 변화하고, 여기에 더해 시간 스케일도 제각각 다르기 때문이다.

이런 상황에서 우리의 시야를 지구환경 전체로 확장시켜 이 문제를 논하고 싶어서 이 책을 출판했다. 무엇보다 기후변동의 전체상을 파악한 뒤 현재 상태의 지구온난화가 여기서 어떻게 비중을 차지하고 있는지, 또 어떤 메커니즘은 같고 어떤 메커니즘은 다른지를 명확히 구분하는 것이 지구온난화에 대한 우리의 궁금증을 좀 더 확실히 이해시킬 연결고리로 보았다. 이를 통해 우리는 지구의 기후가 실제로는 매우 다양한 메커니즘에 의해 변화해왔다는 것을 알게 될 것이다. 이 책의 목적 중 하나는 이들 기후변동 현상에 대한 메커니즘을 가능한 한 자연변화의 기본원리에 맞춰 설명하는 데 있다.

1장에서는 기후 형성에서 중요한 물리법칙, 온실효과, 양산효과 같은 중요한 개념을 설명한다. 2장과 3장에서는 46억 년이란 기나긴 지구 역사를 되짚어본다. 이 지구여행에서 대기, 해양, 지각, 생명 등이 보여주는 역동적인 상호작용을 만나게 될 것이다. 이 여행은 4장에 이르러 최근 백만 년부터 현재까지의 기후변동 양상과 만나게 된다. 과거의 기후변동에도 수년~수십 년의 시간 스케일로 일어난 현상이 오늘을 살아가는 우리에게도 불가분의 관계를 갖고 있다고 판단되기 때문이다. 그리고 5장과 6장은 기후변화에 대해 숙지한 지식을 토대로 현재와 미래의 기후변동에 대해 생각해보는 장(場)이다. 이 시기는 우리들이 지금 살고 있는 시대다. 독자 여러분은 지구 관측에서 얻어낸 풍부한 데이터와 슈퍼컴퓨터를 활용한 대규모 기후 모델을 통해 지구온난화에 대한 연구가 어떻게 수행되고 있는지를 보게 될 것이다.

그럼에도 불구하고 장엄한 지구 이야기들 중에는 우리 같은 연구자들도 아직 알지 못하는 것이 부지기수다. 이런 최신의 화제나 문제 등과 병행하여 여러분에게 기후과학을 소개하고자 한다. 경이로운 지구의 기후변동을 연구하는 기후과학을 마음껏 즐기고, 우리가 함께 살고 있는 이 지구상에 현재 일어나고 있는 지구온난화 문제에 대해 깊이 생각해보기 바란다.

역자 서문

지구의 기후는 끝임없이 변화한다. 지구 탄생 이후 변화하는 지구의 모습을 '진화'라고 말하듯, 지구의 기후도 변화하고 그 변화도 진화하고 있다. 문제는 그 변화의 규모나 시간 스케일이 정말로 시간을 달리하면서 변화의 변화를 지속하고 있다는 점이다. 흔히 우리 인간은 자연을 결코 이길 수 없다고 말한다. 자연의 웅장함, 그 거대한 힘 때문에 우리 인간이 감히 자연을 이길 수 없다는 말이겠지만, 이 말을 깊이 새기면 한편으로는 자연의 복잡다단한 현상을 우리가 정확히 이해할 수 없어서, 모르기 때문에 영원히 이길 수 없다고 하는 말일 수 있다. 쉴 새 없이 변하는 기후변화를 보면 그렇게 판단하지 않을 도리가 없다. 그렇다면 기후변화를 컨트롤하는 자연적 요인은 무엇이고 또 얼마나 많을까? 이런 자연적 요인을 정확히 이해할 수 없으면서, 우리가 무슨 재주로 기후변화를 이해한다고 할 수 있을까? 지금은 곳곳에서 입증되지만 이런 자연적 요인에 인간 활동이란 요인이 추가되고 있지 않은가? 그래서 우리가 자연을 전혀 예측할 수 없고 이길 수 없다고 생각하는 것일지도 모른다.

최근 우리의 삶에 다가온 가장 중요한 키워드는 단연코 '기후위기'다. 다시 말해 우리는 지금 기후위기 속에 살아가고 있다는 이야기다. 당장 올해 8월 말만 보더라도 기후변화를 상징하는 9호 태풍 마이삭이 지나가기 무섭게 9월 초에 연달아 불어 닥친 10호 태풍 하이선은 모두에게 공포의 대상이었다. 두 태풍에 붙여진 이름만 들어도 마치 무슨 걱정거리가 생길 듯한 분위기였다. 물론 늘 부는 태풍이라 하더라도 가끔은 그 규모가 작아서 거의 주목을 받지 못하거나 세상의 많고 많은 다른 이슈에 묻혀버리는 경우도 종종 있다. 하지만 이번 태풍은 연초부터 본격적으로 전 세계를 강타한 COVID-19와 겹쳐져 우리에게 피부로 느끼는 기후변화의 영향을 고스란히 주고 있다. 최근의 이런 암울한 현실은 기후위기라는 키워드에 실린 삶의 부정적 무게를 한층 더 가중시킨다.

다른 한편, 우리는 지금 혼돈의 시대에 살고 있다. 얼마 전 잘 알고 지내는 기후학자 한 분이 쓴 칼럼을 읽었다. 핵심은 언제 지구에 5번째의 대멸종이 도래할 것인가 하는 이야기였다. 우리가 비록 생명 대멸종 같은 거대한 변화의 시점에 서 있진 않다 하더라도 적어도 최근 지구상의 변화는 누가 뭐래도 기후위기라고 하지 않을 수 없다. 시간을 줄여 잡더라도 인간 활동이 활발해진 산업혁명 이후부터 발생한 급격한 변화가 이를 입증하고, 최근의 변화 또한 더 말할 나위도 없다. 일회성의 삶을 살아가는 우리 인간에게든, 겹겹이 쌓인 수많은 과학적 데이터에든, 기후변화는 이제 그 중심에 뚜렷한 변화의 징조를 보인다. 그렇다면 지금의 우리는 그 변화의 변곡점, 아니 그 정점에 서 있는 셈이다.

최근 일어나는 기후변화에 대한 각종 현상들과 과거 기록들을 조금만 떠올려봐도 모두들 금방 이해할 것이다. 무엇보다 인간 활동이 주된 원인이 되어 일어나는 기후변화나 지구온난화 현상에 대한 정보도 우리 주위엔 즐비하게 산재한다. 그리고 학계든 사회 어디서든 기후변화에 적응하기 위한 방편으로 저마다의 정보를 구축하고, 사회제도를 보완하는 등 기후변화에 대비하거나 올바른 대응을 위한 정보와 지식으로 넘

쳐나고 있다. 그런즉 기후변화나 지구온난화에 대한 우리의 이해와 인식이 부족하다는 게 아니다. 문제는 그 원인이나 영향에 대한 의문이 여전히 남아 있다는 데 있다. 바로 이 책은 이런 점에서 매우 값진 의미를 갖는다.

이 책의 공동저자 나카지마 테루유키, 타지카 에이이치는 그 원인을 지구에서 일어나는 기후변화의 장이 너무 크고, 다양한 구성요소들로 만들어졌기 때문에, 지구표층에서 일어나는 평균적 기후가 매우 복잡하게 변화하고, 여기에 더해 시간 스케일이 각각 다르기 때문이란 점을 강조했다. 정말 기후변화가 자연현상의 일부라고 한다면, 각각의 서로 다른 스케일과 지구표층에서 일어나는 각종 현상에 대한 정확한 이해만이 기후변화의 궁극적 원인을 밝힐 수 있다는 이야기다. 이 책은 바로 이 부분에 대한 우리의 이해를 돕는다. 그런 점에서 이 책은 기후변화에 대한 궁극적 이해를 목적으로 저술되었고, 우리말로 이 책을 옮기겠다고 마음먹은 역자 역시 이런 의도에 깊이 공감했기 때문이다. 기후위기의 진짜 원인이 무엇인지를 궁금히 여기는 독자들 또한 이런 책을 기대하고 있었을 것이라 믿는다.

이 책의 일본어 원제는 '바르게 이해하는 기후과학'이며, 이를 옮긴 한국어 번역본의 제목은 우리가 처한 시대적 현실과 지구촌의 기후위기 상황을 고려하고 책의 중심 내용을 부각하려는 차원에서 '기후변화 과학 : 기후위기의 원인들'이라는 제명으로 번역했다. 기후과학을 연구하는 영역 대부분이 그렇듯이, 이 책 역시 기후변화를 이해하기 위해 방대한 자료를 토대로 현상을 해석하고 분석한다. 책을 통해 언급되는 자료가 많기 때문에 기후변화라는 학문 분야를 깊이 있게 천착하지 못한 분들에게는 탐독의 어려움이 없지 않으리라 판단한다. 뿐만 아니라 기후변화 정책이 대체로 기후변화를 제대로 인식하지 못하고 있는 관료에 의해 입안되고 시행되는 마당에 사회적으로 큰 혼란과 낭비를 초래할 수도 있는 현실을 고려해, 먼저 우리 일반 독자나 비전문가부터 제대로 이 문제를 이해할 수 있도록 가급적 수월하게 읽고 쉽게 이해할 수 있도록 번역했다. 제아무리 좋은 책이라도 잘 읽히지 않고, 그 중심 내용이 제대로 전달될 수 없다면, 굳이 세상에 내놔야 할 이유가 없을 것이다. 왜냐하면 근본 취지가 널리 확산되기 어렵고, 급기야 저술된 책의 근본 취지가 훼손될 수도 있기 때문이다.

책을 세상에 내놓는 주된 취지는 책의 성격에 따라 그리고 저술하는 사람에 따라 다를 수 있다. 때문에 어떻게든 책의 내용을 충실히 전달하기 위해 애쓰는 역자로서는 이 책의 내용과 저자가 의도한 출간의 의도를 가장 먼저 접하고, 행간마다 이를 절감할 수밖에 없다. 특히나 기후변화의 심각성과 관련하여 이 책을 선택해 번역 작업에 임하는 역자로서는 갖가지 자료를 토대로 밝혀낸 기후위기 관련 중심 내용을 일반 독자나 정책입안자에게 제대로 일깨워줘야 한다는 소명감 차원에서 책의 저자와 동일한 생각을 하지 않을 수 없다. 그런 점에서 번역 과정에서 책의 내용을 충분히 전달하기 위해 기본 개념을 좀 더 세부적으로 다룰 필요가 있다고 판단했다. 최근 우리가 경험하는 기후변화의 각종 현상에 대한 원인을 간과한 채 대응에만 초점을 맞추면, 실제 대처 과정에선 갈팡질팡할 수밖에 없는 광경이 눈앞에 선하기 때문이다. 또한 이런 현상을 정확히 파악하고 기후변화의 원인에 대한 심도 있는 분석적 노력이 부족한 우리 사회의 현실도 고려하지 않을 수 없어서다. 이런 차원에서 기후변화의 원인을 조금이나마 정확히, 그리고 심층적으로 부각시키기 위해 대중적으로 고심한 이 책을 선택하지 않을 수 없었다.

원서의 저술 철학과 내용적 의미를 충분히 살려 1장에서 6장까지를 순서대로 우리말로 옮겼다. 그러면서 이 분야를 다년간 연구해온 연구자로서, 독자들의 이해를 돕기 위해 추가하고 싶은 부분은 문헌과 일부 내용을 보완하여 좀 더 현실적이고, 좀 더 실감나게 이해하기 쉽도록 설명을 덧붙였다. 이 책의 1장에서는 기후 형성에서 중요한 물리법칙, 온실효과, 양산효과와 같은 중요한 개념을 설명한다. 2장과 3장에서는 46억 년이라는 기나긴 지구 역사에 대한 과거의 기록을 살피는데, 여기에도 역자의 의견을 부분적으로 추가했다. 특히 여기서는 대기, 해양, 지각, 생명 등과 같은 역동적인 상호작용이 등장하는데, 이를 구체적인 사례를 들어 설명하기도 했다. 과거 지구 역사에 대한 이야기는 4장까지 이어지고, 최근 지구상에 일어난 백만 년에서부터 현재까지의 기후변동에 대한 이야기가 펼쳐진다.

사실, 시간과 관점을 달리하면 과거에 일어났던 기후변동도 수년~수십 년 정도의 시간 스케일로 일어난 현상일 수 있다. 그런데 이런 현상은 그때 그 시절에 그치지 않고 현시대를 살아가고 있는 지금의 우리들에게도 밀접하게 연관된다. 이 책의 5장과 6장은 지금까지 연구된 기후변화에 대한 지식을 토대로, 현재와 미래의 기후변동에 대해서 이야기한다. 특히 이 부분에는 최근 기후변화에 대한 연구결과를 추가시켰다. 과거 산업혁명 이후 일어났던 기후변화 연구가 중요해보였기 때문이다. 여기에 덧붙여 독자들이 전 세계적으로 행해지는 국가 간의 동향을 이해할 수 있도록 최근 IPCC(기후변화에 관한 정부간 협의체)에서 다룬

보고서 내용도 일부 추가했다.

그러나 이 책의 저자는 책의 내용을 충분히 이해하려면 무엇보다 그 기본 개념에 대한 이해가 선결되어야 한다고 강조한다. 따라서 역자는 역자 서문에 몇 가지 기후변화와 관련된 개념을 기술하기로 했다. 요는 이해가 쉽지 않은 이 책의 내용을 충분히 읽고, 또 정확히 전달되기를 바라기 때문이다. 가장 우선적으로 주목을 요하는 개념으로는 우리가 익히 안다고 자부하는 '일기', '기후', '기후변화' 그리고 '기후변동'에 관한 술어학적 개념들이다.

'기후변화'나 '기후변동'이라는 용어의 의미를 제대로 이해하려면 그에 앞서 '일기'나 '기후'에 대한 정의가 무엇인지, 이들은 서로 어떻게 다르고 어떻게 쓰이는지를 구분할 필요가 있다. 간단하게 말해, 이런 용어의 의미를 다들 개략적으로는 알고 있겠지만, '일기'는 어떤 시간대에 대기 중에 일어난 현상 자체를 말한다. 이에 반해 '기후'는 수년에 걸친 '일기' 데이터가 모이고 통계처리된 것을 말하는데, 통상 1년이나 어떤 시기에 일어날 수 있는 현상을 뜻한다.

그렇다면 '기후변화'와 '기후변동'은 어떤 차이가 있는가? 각각의 개념부터 살펴보면 이렇다. 앞서 언급한 '일기'와 '기후'의 개념 정의에 기초하여 '기후변화'는 최소한 수년 이상에 걸쳐 계속된 기상학적 상태의 변화를 정의한 것이다. 이 변화는 기온이나 강수량 등 어떤 한 종류의 기상요소로 나타나는 경우도 있지만, 일반적으로는 추웠다거나 비가 많았다거나 하는 등 보다 일반적인 기상패턴의 변화를 말한다. 지구 전체로 보았을 때 기상패턴은 서로 관련된다. 즉, 어떤 지역에서 일어난 변화가 또 다른 곳에서는 이를 보상하는 것과 같은 변화를 가져올 수도 있다. 마치 풍선의 어느 부분을 누르면 누른 곳은 들어가지만 다른 어딘가는 튀어나오는 것과 같다. 이러한 점을 고려하면, 어느 쪽으로든 변화가 빈번하게 생길 경우, 그것이 곧 전 지구가 온난화 또는 한랭화되고 있다고 말하게 되는 것이다. 또한 기후변화가 일으키는 영향을 생각해 본다면, 지구 전체적으로는 기후변화와 분명한 관계가 있기 때문에, 우리가 좀 더 관심을 가져야 할 점은 오히려 우리 자신들이 직접 몸 붙여 살고 있는 지역적인 기후변화일지 모른다. 그래서 지구촌 어떤 지역이든지, 기후변화로 인한 영향에서 우리가 자유롭지 못한 것이다.

이번엔 '기후변동'과 '기후변화'의 차이에 대해 알아보자. 예를 들어, 수년에서 수억 년까지의 모든 시간 스케일에서 이루어진 연속적인 변동현상을 생각하면, 과연 이 둘을 제대로 구별할 수 있을지 애매하다. 이 책에 자주 등장하는 '기후변화'나 '기후변동'에 대한 제대로 된 이해를 위해서는 이 부분이 선결되어야 하고 그래야 이 책의 전체 내용을 잘 이해할 수 있다. 또한 이것은 이 책에서 다루려는 기후변화가 다양한 시간 스케일과 시간 주기를 갖고 있기 때문이고, 또 이런 다양한 것들을 일컬어 '기후변화' 혹은 '기후변동'으로 정의하고 있기 때문이다.

그렇다면 '기후변동'과 '기후변화' 간에는 어떤 차이가 있는지 살펴보자. 역자는 '기후변동'과 '기후변화'의 차이를 설명하기 위해 W.J Burroughs가 2001년 출간한 'Climate Change'의 그림을 추가로 인용했다. 그림 0-1의 (a)는 전형적인 기상요소를 관측한 사례이다. 이 예는 연간 평균 기온을 나타내는 듯하지만, 실은 몇 년에 걸쳐 정기적으로 측정된 강수량이나 다른 기상요소로 봐도 무방하다. 관측된 기간 중 기온 평균값은 거의 일정하다고 할 수 있으나(이를 정상상태라고 한다), 관측할 때마다 그 값이 크게 변화하고 있다. 따라서 평균을 중심으로 편차가 나는 변화가 일어나고 있는데, 이것이 기후변동의 크기가 된다. 이러한 기후변동에 기후변화가 일어났을 때의 그림이 그림 0-1의 (b), (c), (d)이다. 즉, 변동이 있는 일정한 한랭화 경향을 보이는 것은 (b)이다. (b)는 기후변화를 지시한다. (c)는 보다 긴 시간 스케일을 가진 주기적 변화의 경우를 보여주고, (d)는 급격한 변화가 1회 일어난 경우를 보여준다. 전체적으로 볼 때 그림 0-1은 변동의 크기(폭)가 일정하면서 변화가 일어나는 것을 제시한 예이다.

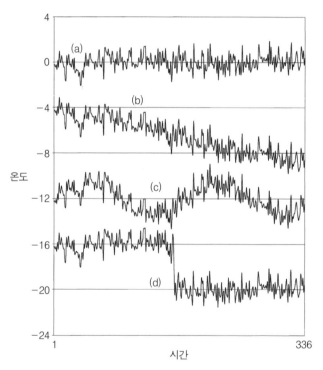

그림 0-1 기후변동과 기후변화의 정의에 관한 그림. (a) 기후변화가 나타나지 않는 기후변동의 사례 (b) 기후변동에 4°C 정도의 감소 경향이 중첩된 경우 (c) 기후변동에 3°C의 주기적 변동이 중첩된 경우 (d) 기후변동에 4°C의 기온이 갑자기 저하되어 중첩된 경우

그러나 실제 자연계에서는 변동의 크기가 이처럼 일정한 변화가 일어
나는 것은 아니다. 이와 유사한 사례로 변동과 변화를 잠시 보여주는
예를 보기로 하자. 그림 0-2는 변동과 변화가 있으면서도 변동 자체에도
변화가 있는 경우이다. 이것은 변화가 진행되는 동안 변동의 크기도
달라진다는 것을 의미한다. 마찬가지로 그림 0-2의 (a)는 시간 평균값은
일정하지만, 관측기간 중에 변동의 크기(진폭)가 두 배 정도 증가한 경
우이다. 예를 들어, 기후가 냉각되면서 변동의 크기가 변화하는 것은
그림 (b)에 해당한다. 이런 경우는 실제로 얼마든지 일어날 수 있는 기후
변화의 한 형태이다. 또한 이와 비슷하게 기후가 갑자기 냉각된 후 급격

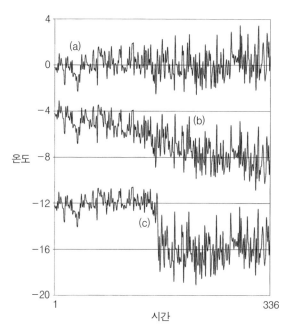

그림 0-2 서서히 증가하는 기후변동과 기후변화가 중첩되어 나타나는 경우의 예. (a)
는 기후변동만을 보여주는 것이며, (b)와 (c)는 기후변동과 기후변화고 동시
에 나타나는 현상

하게 변동이 일어나는 경우를 보여주는 것은 (c)의 형태이다. 어느 경우든 실제로 일어날 수 있는 기후변화 패턴이다. 따라서 지금 여기서 설명한 부분을 명심한다면 이 책에서 공동 저자들이 언급하는 '기후변동'과 '기후변화'의 개념을 이해하는 데 도움이 될 것이다.

물론 기후변화에 대한 내용을 다루는 이 책을 완전히 숙지하는 데는 일정 수준의 사전지식도 필요하다. 잘못 이해하지 않기 위한 단적인 예로, 앞에서 말한 '기후변동'과 '기후변화'의 개념적 차이를 설명했듯이 기후과학에서 사용되는 기본적 개념을 충분히 알고 있어야 한다. 그런 개념들 중에는 추가로 설명한 것 이외에도 많을 것이다. 그런 중요한 키워드와 관련해서는 변동과 변화는 시간을 축으로 해서 일어나는 것이어서 시간 스케일에 대한 이야기도 있고, 기후변화를 설명하는 데 자주 활용되는 피드백(feedback; 되먹임 작용)에 대한 사전 이해도 필요하다. 특히 이 되먹임 작용은 어떤 결과로 귀결되느냐에 따라 정의 피드백 혹은 부의 피드백으로 구분되기도 한다. 또한 기후변화를 야기하는 다양한 요인들에 대한 기본지식도 필요하다. 더 많은 사전지식이 요구되지만 그 외 부분은 독자 여러분의 관심과 인식의 정도, 선택적 판단과 자유에 맡길까 한다.

우리가 함께 살고 있는 지금, 우리는 기후변화의 변곡점에 서 있다. 이것은 지구 기후변화의 진행방향과 그 행방을 가늠할 수 없다는 이야기다. 과연, 이것이 어느 쪽으로 진행될지는 전적으로 우리 인류의 대응에 달려 있기 때문이다. 그런데 그것 말고 또 다른 어려움이 있다. 기후변화의 속도도 우리가 전혀 가늠할 수가 없다는 점이다. 엄청나게 꼬여버린 실타래처럼, 산적한 문제를 품고 있는 기후변화 문제를 해결하기 위해 세계 각국이 모였지만, 각국이 처한 입장이 다르고 대응하는 방식과 속도도 다르다. 국가별로 과학적 해결 노력도 다른 탓이다. 최소한 우리가 기후변화 문제를 해결할 수 있는 호의적 상황이 되었을 때 적절한 조치와 발 빠른 대응을 위해 무엇이 진짜 기후변화의 원인인지를 정확히 이해해야 하고, 제대로 된 대처를 하기 위해 적합한 대응과 철저한 준비를 하지 않으면 안 된다는 것이다. 이런 소명의식에서 이 번역서가 '기후변화의 원인'을 정확히 찾아내고 대응책을 올바로 수행하는 데 이바지할 수 있기를 기대한다. 기후위기는 어느 한 개인의 문제가 아닌 우리 인류 전체의 문제이기 때문이다.

이 번역서는 최근의 기후위기를 잘 이해하고자 하는 목적에서 기후변화의 궁극적 원인에 대해 언급하고 있다. 기후변화의 심각성을 이해하고 번역서 출간에 동의해주신 도서출판 씨아이알에 깊이 감사드린다. 또한 이 책의 출간에는 현재 수행하고 있는 기후변화와 관련된 K-IODP 과제와 '부산항만 미세먼지 거동과 모니터링' 과제의 지원을 받았다. R&D 연구과제를 통해서 사회현상을 이해하고 복잡한 사회문제를 해결하기 위한 단초가 되길 희망해본다.

2020년 초가을까지 거듭 불어 닥친 태풍 속에서
최근 기후변화의 위기를 더욱 실감하며…
현상민

CONTETNTS

6. 21세기 기후 예측 및 차세대 기후 모델

1.
지구의 기후는
어떻게 만들어지는가?

1. 지구의 기후는 어떻게 만들어지는가?

1.1 지구온난화 문제는 어떻게 파악할 수 있을까?

최근 전 세계적 이슈인 '기후위기'나 '기후변화' 혹은 기후변화나 온실가스 감축에 관해 논의할 때 자주 등장하는 것이 '지구온난화 현상'이다. 과연, 이 '지구온난화 현상'을 어떻게 정의하면 옳을까? 기후변화의 궁극적인 원인에 대해 이해하려는 데 주안점을 둔 이 책의 취지를 고려하면, 무엇보다 먼저 지구온난화에 대한 개념부터 알아야 할 것 같다. 우리가 흔히 이야기하는 지구온난화(global warming)란 대기 중의 이산화탄소(CO_2)나 메탄(CH_4) 등과 같은 온실가스가 인간 활동에 의해 증가하는데, 그에 따라 추가적으로 온실효과가 발생한다. 이때 전 지구적으로 지표 부근의 기온이 상승하는 현상을 지구온난화로 정의하고 있다. 이와 같은 온실효과 현상이 지구 전체 규모에서 진짜로 일어나고 있는 것일까? 일어나고 있다면 그 기온은 어느 정도까지 올라가는가? 이런 기본적인 궁금증은 누구든 갖는 중요한 문제일 것이다.

과학계에서도 이 문제에 대해 오래전부터 의문을 제기해왔다. 1827년

조셉 푸리에는 이산화탄소에 의한 지구온난화 가설을 세운 바 있고, 1900년 전후의 스반테 아레니우스와 크누트 옹스트롬의 기온 상승 크기에 대한 논의와 비슷한 지구온난화의 대한 논의는 무려 200년 가까이 진행되어왔다. 그럼에도 불구하고 현재도 여전히 온실가스 방출에 의한 지구온난화 문제는 논쟁 중이다. 일부에서는 온실가스에 의한 지구온난화 현상에 회의론적인 견해를 보이고 있는 경우도 없지 않고, 더러는 그런 현상 자체가 일어나지 않는다고 주장하는 사람들도 있다.

IPCC(기후변화에 관한 정부 간 패널)[1]가 1988년 설치된 이후에는 전 세계 전문가들이 기후변화에 대한 문제를 20년 넘게 검증해오고 있다. 그 결과 4차 보고서에서는 과거에는(1906~2005년까지) 100년당 0.74°C의 속도로 온난화가 진행되었고, 현재는 이런 온난화 속도가 한층 더 빠르게 진행되고 있다는 것이 밝혀졌다.[2] 게다가 그 주된 원인이 '우리 인간 활동에 의한 것임에 의심의 여지가 없다'라는 결론도 얻었다. IPCC가 요약한 온난화에 대한 주요 사항은 다음과 같다.

- 대기 중 이산화탄소, 메탄, 일산화이질소의 농도는 산업혁명 이전보다 증가하고 있다.
- 이들 온실가스의 증가는 주로 화석연료 사용 등 인간 활동에 그

---

1   IPCC(Intergovernmental Panel on Climate Change) : 1988년 세계 기상기구(WMO)와 국제연합 환경프로그램(UNEP)이 공동으로 기후변화 문제에 대처하고자 설립한 기구이다. 즉, 전 세계 전문가들이 모여 지구온난화 현상에 관한 연구나 정보를 정리하고 공표하는 정부 간 기구이며, '기후변화에 관한 정부간 협의체'로 명명된다. IPCC에서는 기후변화에 대한 보고서를 지속적으로 발간하고 있고, 2014년에는 5차 보고서가 제출되었다. 이 책에서는 4차 보고서를 중심으로 기술하고 있으며, 중간 중간에 뚜렷한 차이가 나는 부분을 '역자 주' 형태로 추가했다.

2   2014년 IPCC 5차 보고서에서는 이 온도 상승이 수정되었다. 즉, 지난 112년간(1901~2012년) 지구의 평균기온이 0.89°C 상승한 것으로 보고되어, 4차 보고서에서 보다 더 높다. (역자 주)

원인이 있다.

- 이들 온실가스의 농도증가는 뚜렷하게 온실효과를 일으키고 있다.
- 인간 활동에 의한 온실가스 증가를 고려한 시뮬레이션 결과와 인간 활동을 고려하지 않은 결과와의 차이는 최근 기후변화를 직접 관측한 데이터가 나타내는 온난화 경향과 일치하고 있다.

차차 언급하겠지만, 온실가스 증가와 그에 따른 온난화는 과거의 지구 환경변화에서는 이미 반복적으로 일어났던 일이어서 그 자체는 특별한 현상이 아닐 수도 있다. 그렇다면 도대체 무엇이 문제인가?

문제는 우리가 살아가고 있는 시대는 '인간사회'라는 고도로 발달되고 효율화된 인공적인 구조로 되어 있다는 점이다. 이런 인공적인 구조의 자산 가치는 인간의 입장에서 보면 막대하기 때문에 여기에 어떤 영향을 받으면 상상 이상의 사회적 혼란이 발생한다는 것이다. 하지만 이것은 우리 인간의 입장만 고려한 이기적인 이유이다. 온난화의 구조를 이해하는 것과 이를 조절하고 싶은 것은 전적으로 다른 문제이다. 어쩌면 여기서 후자는 사회적 의지 문제일 수도 있다. 다만 우리가 이런 변화의 구조를 제대로 이해하지 않으면 올바로 판단할 수 없다는 것이다. 그런 측면에서 현상을 객관적으로 이해하는 것은 건강한 인간사회를 위해서도 매우 중요한 일이다.

지구의 역사를 찬찬히 들여다보면 지구 기후는 매우 역동적으로 변동해왔음을 알 수 있다. 또한 이런 역동성이 지금과 같은 대변화의 원천임도 알 수 있다. 어떻게 알 수 있는 것일까? 그중 하나는 '왜 과거에 있었던 현상이 현재 지구온난화 문제 속에서도 일어나지 않고 있다고 말할 수 있을까?'라는 의문이다. 그런 점에서 우리는 지질시대나 선사시대 동안에 기후변화를 포함한 고기후학적 관점에서 기후변화를 정리해볼 필요가 있다. 간단히 요약하면 다음과 같다.

- 과거 1,300년간의 기간만 놓고 봤을 때, 1980년 이후의 급격한 온난화 이외에도 온화한 온난기와 온화한 한랭기가 한 번씩 더 있었다.
- 약 12만 5천 년 전에는 현재보다 기온이 더 따듯했다. 이것은 북극과 남극에 쌓여 있는 빙설이 감소함에 따라 해수면도 현재보다 4~6m 정도 상승했기 때문이라고 생각할 수 있다. 이와 같은 온난화와 해수면 상승은 여름철 고위도에서 태양방사가 증가한 데 그 원인이 있다고 판단된다.
- 과거 100만 년 동안은 약 10만 년 주기로 온난한 기후와 한랭한 기후가 반복되었다. 하지만 그 이전에는 약 4만 년 주기로 반복되었다.
- 게다가 수억 년의 시간 스케일로 보면 더욱 대규모의 온난화가 일어나고 있다. 다만 바다가 존재할 수 없을 정도로 더워지진 않았다. 오히려 생물 생존에는 운석 충돌로 인한 격렬한 환경변화나 해양산소 결핍(해양 무산소 사건 OAE3) 이벤트, 전 지구 동결 이벤트4 등이 더 위협적이었다.

3　OAE(Ocean Anoxic Event, Anoxic event) : 과거 해양에서 용존산소가 부족한 상태에 있었던 사건. 지질학적으로 OAE는 여러 번 일어난 것으로 기록되고 있으며, 산소(O_2)가 결핍되므로 생물의 대량전멸(mass extinction)을 가져온다. 지질학자들은 OAE가 기후변화나 해양대순환과 깊게 관련된다고 판단되고 있다.

4　전 지구 동결 이벤트 : 지구 표면 전체가 얼음으로 덮여 있다고 하는 초한랭화 이벤트. 현재부터 약 6억 5천만 년 전, 약 7억 3천만 년 전, 약 23억 년 전, 적어도 3회 정도 발생했다고 여겨진다. (역자 주)

이런 관점에서 보면 현재 진행 중인 지구온난화 현상은 특별한 것이 아닐 수도 있다. 현재보다 더 큰 온난화도 지질시대를 통해서 몇 번 일어난 바 있고, 해수면의 변화도 더 규모가 컸다. 산업혁명 이후 일어나고 있는 온난화 경향은 겨우 1℃ 정도이며, 해수면 증가도 20cm 정도밖에 되지 않는다.

그러나 여러 모델을 이용해 미래에 일어날 수 있는 시나리오에 근거해 계산해본 결과, 현재 상태로 인간 활동에 의한 온실가스가 계속 배출되면 50년 이내에 전 지구의 지표면 평균기온은 2℃ 이상 상승할 것이라는 피할 수 없는 결론이 나온다. IPCC 4차 보고서에서 과학자들이 지적하는 것은 적당한 온난화는 극한의 추위를 완화하는 효과 등 우리 인간사회에 혜택을 줄 수도 있다고 한다. 하지만 전 지구의 평균기온이 2℃ 이상 상승해서 발생되는 지구온난화는 설빙을 녹이거나(융해), 지역적으로 가뭄을 진행시키고 열대화로 인한 피해를 더 크게 만들 수 있다고 한다.

앞서 언급한 바와 같이, 현재와 같은 이런 규모의 변화는 지질학적 관점에서 수억 년에 걸친 과거의 기후변화와 비교하면 결코 큰 변화는 아니다. 다만 문제는 이런 변화가 어디까지나 우리 인간들의 판단에 근거하고 있다는 점이다. 이것은 곧 지구온난화에 관한 현재의 식견이 잘못되었다거나, 과거에 일어난 수억 년의 현상이 다시 100년 정도의 시간 규모로 일어난다는 견해는 이 문제의 논점으로부터 크게 벗어난 것이라고 할 수 있다. 따라서 이렇게 과거에 일어났던 지구 규모의 장주기 기후변화에 대한 가치는 이 책이 아닌 다른 책으로 논의를 넘기기로 하고, 지금부터는 이 책의 핵심 주제인 지구 기후의 형성과 변화의 메커니즘에 대해 과학적으로 생각해보기로 하자.

1.2 빛과 물질에너지

도대체 기후는 어떻게 만들어지는가? 먼저, 이 질문에 대답하기 위해 가장 기본이 되는 빛과 물질에너지에 대해 생각해보자. 수많은 원리 중 가장 기본적인 것은 에너지 보존 법칙이다. 이 원리에 따르면 빛도 에너지를 갖지만, 물질이 갖는 에너지와 빛에너지(이를 방사에너지라고 부른다)를 만족하는 모든 에너지는 보존된다. 때문에 물질은 외부에서 에너지를 가하면 온도가 올라갈 수밖에 없다. 에너지를 더하는 행위는 쉽게 말해 가스버너로 물건을 데운다거나 겨울 툇마루에서 햇볕을 쬐는 것처럼 불이나 태양광(빛에너지) 같은 에너지원으로부터 물질이 어떤 에너지를 얻는다는 것이다.

지구의 에너지원은 태양이다. 태양에너지는 핵융합반응에 의해 만들어지고 방출된다. 핵융합에서는 가벼운 원소가 '융합'됨으로써 전체 질량이 줄어들고 그 줄어든 질량이 에너지로 방출된다. 태양(항성) 내부에서는 열핵융합반응에 의해 수소가 헬륨으로 변환되어 팽창한 에너지를 만들어낸다. 말 그대로 별(태양)이 불타고 있는 것이다. 그 결과, 초당 430만 톤의 질량이 3.8×10^{11}PW(페타는 10의 15제곱)의 에너지[5]로 변환된다. 태양 내부에서 발생한 에너지는 수십만 년 후에 태양 표면에 도달한다. 또한 표면에서는 에너지의 대부분이 가시광선을 포함한 0.2μ에서 4μ의 파장을 가진 전자파가 되어 우주 공간으로 방출된다. 이 태양빛이 지구에 쏟아짐으로써 지구가 따뜻해진다. 이것이 바로 태양방사다.

---

5 3.9×10^{11}PW(페타는 10의 15제곱)의 에너지 : TNT 화약으로 환산해 9.1×10^{16}톤에 해당한다. TNT는 트리니트로톨루엔이라는 화학물질로 핵무기의 위력을 환산하는 것을 TNT 환산이라고 한다.

태양에서 나오는 방사에너지 플럭스[6]는 평균적으로 계산하면 지구표면 $1m^2$당 341W이다. 대략 1kw의 전열기로 $1m^2$짜리 땅을 덥히는 것과 같다. 이 방사에너지 플럭스를 흡수함으로써 물질은 어느 정도 온도를 갖게 되고, 당연히 동일한 물질이면 방사에너지 플럭스가 큰 쪽이 온도가 높아진다. 태양으로부터 방사에너지를 더 많이 받는 열대지방이 고위도 지역보다 더 따뜻한 것도 이런 이유에서다.

1억 5천만 km 멀리 떨어진 구형의 태양을 지구에서 보면 어떠할까? 비유컨대, 아마 팔을 뻗어 든 옛날 버스토큰의 동전 구멍 크기일 것이다. 이것은 달의 겉 표면 크기와도 비슷하기 때문에 달에서 실험한다고 해도 눈이 부시지도 않고 큰 어려움이 없이 실험은 할 수 있을 정도이다. 반대로 태양 표면에서 본 지구는, 앞서 언급한 것과 같이 비유하면, 지름 0.05mm의 작은 원에 불과하다. 따라서 지구가 받는 에너지는 태양에서 방출되는 에너지의 약 6억분의 1(175PW)에 지나지 않는다. 현재 우리 인간에 의해 소비되는 에너지는 약 0.015PW(연간 석유 100억 톤 환산)여서 지구가 받는 에너지는 소비되는 에너지의 약 1만 배가 되는 셈이다.

대기나 해양 운동에 의해 열대 지역에서 극지역[7]으로 운반되는 에너지는 8PW 정도다. 이 운동에 사용되는 에너지는 지구로 쏟아지는 태양에너지의 5% 정도이기 때문에 지구 시스템은 거의 효율적이지 못한 온화한 엔진이다. 그래도 사람들이 쓰는 에너지의 500배가 넘으니 태풍 등 자연의 힘이 얼마나 큰지 이해할 수 있을 것이다. 뿐만 아니라 이 엄청난 에너지가 지구가 탄생한 이래로 지금까지 우리가 사는 지구의

---

6   플럭스 : 단위시간 단위면적당 흐르는 양. 여기에서는 태양으로부터 방사되는 에너지 양을 가리킨다.
7   극지역 : 남극, 북극을 말한다.

기후를 통제하고 있다.

지구 대기의 위쪽 끝에서 태양을 향한 면이 단위면적과 단위시간당 받는 1년 평균 에너지 양을 '태양상수' 혹은 '전 태양방사조도(TSI)'라고 한다. 이것이 우리들의 삶을 좌우하는 가장 기본적인 에너지 양이다. 1980년 이후 인공위성을 이용한 관측에 의하면 이 태양정수는 $S = 1.366kW/m^2$ ($1m^2$당 1366W)이고, 매우 안정되어 있다(그림 1-1). 이 에너지 중 30% 정도는 구름이나 눈 등에 의해 반사되어 우주 공간으로 되돌아간다. 즉, 지구의 혹성 반사율[8]은 약 30%이며, 나머지 70%가 지구를 따뜻하게 한다. 그리고 그중 절반 정도가 직접 지표면에 닿는다.

따라서 $30m^2$ 정도의 면적을 지닌 가정용 태양발전 패널에 쏟아지는 낮 시간의 태양 일사량은 평균 약 10kW다. 가정용으로 보급되는 태양발전 패널의 발전 효율은 대략 15% 정도라는 것을 감안하면, 실제로는

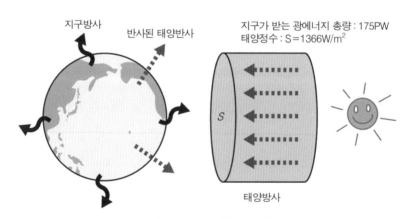

지구방사   반사된 태양반사   지구가 받는 광에너지 총량 : 175PW
태양정수 : $S = 1366W/m^2$

S

태양방사

그림 1-1 지구 - 태양 시스템

---

8   혹성 반사율 : 행성에 입사되는 태양에너지 중 혹성에 의해 반사되는 비율을 말한다.

1.5kW 정도의 발전량에 불과하지만, 이 정도의 발전량만으로도 인간은 검소한 생활을 충분히 할 수 있다. 물론 이런 값도 위도나 구름의 양에 크게 좌우되지만 여건만 맞으면 좀 더 많은 양의 발전량을 확보할 수 있다.

1.3 방사에너지의 수지

따뜻해진 물질은 그 온도에 의존하여 방사에너지를 방출한다. 온도는 물리학적으로 말하면 물질을 구성하는 분자의 운동 상태[9]인데, 온도가 높을수록 운동은 격렬해진다. 주변보다 온도가 높은 물질을 구성하는 분자는 충돌 등에 의해 주위의 다른 분자의 운동을 활성화시킨다. 때문에 외부에서 냉각시키는 등 강제력을 가하지 않는 한, 에너지는 온도가 높은 곳에서 낮은 곳으로 흐른다(그림 1-2).

빛의 양자론에 의하면, 그림 1-2에서 알 수 있듯이, 물질은 광자와 함께 공존하고 있어 대기분자끼리 광자를 주고받는다. 그 과정에서 주변으로 스며 나온 것이 물질에 방사될 때 나타나는 것이 광(빛) 방사다. 특히 반사율이 제로인 물질(이를 흑체라고 부른다)은 그 온도에 특유의 파장분포(스펙트럼이라고 부른다)를 지닌 방사를 방출한다. 이를 일컬어 흑체방사라고 한다. 흑체방사는 플랑크의 방사함수[10]로 불리는 볼록한 형태의 관수형에 따른 스펙트럼 분포를 갖는다(그림 1-3). 흑체방사의 원리에 따르면, 플랑크의 방사함수가 최댓값을 취하는 파장은 절대온도

---

9 분자의 운동 상태 : 병진운동, 진동, 회전이 있다.
10 플랑크의 방사함수 : 프랭크의 법칙이라고도 부른다. 막스 플랑크는 스펙트럼이 그림 1-3과 같이 산형이 되려면 전자파가 광양자의 집합이 아니면 설명할 수 없다는 것을 보여주어, 1918년에 노벨상을 받았다.

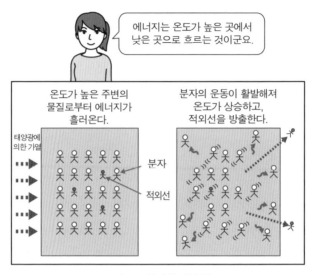

그림 1-2 분자의 열운동

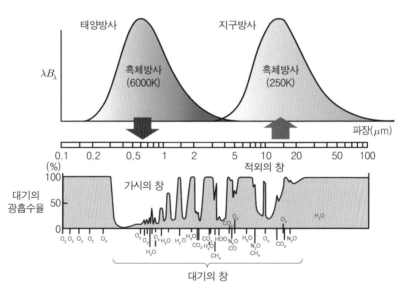

그림 1-3 태양방사와 지구방사

T의 역수에 비례하는 특성을 지닌다(빈의 법칙이라고 부른다). 즉, 온도가 높은 물질일수록 파장이 짧은 빛을 많이 내게 된다.

태양을 반사율이 제로인 흑체와 비교하면, 온도(이를 유효흑체온도라고 부른다)는 약 5800K의 흑체에 가깝고, 최대 휘도파장은 0.5μ(청록색)에 달한다. 따라서 그림 1-3에서 알 수 있듯이, 태양방사는 0.2μ에서 4μ에 존재하는 셈이다. 반면 지구의 유효흑체온도는 이보다 훨씬 낮고, 우주 공간을 향해 약 -18℃(255K)의 열적외선을 방출한다. 이 스펙트럼 최대파장은 11μ으로서 지구에서 방사되는 전자파(이를 지구방사라고 부른다)는 4μ에서 100μ의 열적외선의 파장역에 스펙트럼의 대부분이 존재한다. 따라서 그림에 표시된 화살표처럼 단파장인 태양방사가 지구에 유입됨으로써 따뜻해진 지구로부터 같은 양의 장파방사(열적외방사)가 방출되어 지구계의 에너지 균형이 유지된다. 반대로, 외부로부터 에너지를 받을 수 없으면 그 물질은 점차 냉각될 수밖에 없다(그림 1-2에서 알 수 있듯이 광자가 밖으로 차례차례 나가버리는 상황이다). 구름이 없는 겨울 야간에 기온이 내려가는 현상도 이런 방사냉각으로 설명할 수 있다. 그와 동시에 구름으로부터 적외방사를 받음으로써 지면이 따뜻해지는 것도 알 수 있다.

이렇듯 방사에너지 수지가 지구 표면의 구조에 어떻게 의존하고 있는지를 보여주기 위해 지구 표면에서 $1m^2$당 방사에너지 수지를 그림 1-4로 나타냈다. 지구로 입사된 태양방사는 지구반사율만큼 그대로 우주 공간으로 반사되기 때문에 나머지 부분만 지구에 의해 흡수된다. 그로 인해 지구가 흡수하는 태양방사량은 반사율이 증가될수록 감소된다. 그림에서는 반사율이 10%, 30%, 50%(A=0.1, 0.3, 0.5)인 경우를 각각

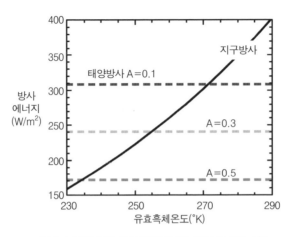

그림 1-4 **지구에서 유효흑체온도와 방사에너지 수지**

나타낸다. 이 태양방사에너지가 지구에서 나가는, 열적외선으로 구성되는 지구방사에너지와 균형을 이룰 때까지 지구의 온도는 상승된다.

얼음이 없는 지구 표면은 전 지구 평균 반사율이 A=0.1 정도여서 대기가 없을 경우에는 지구의 유효흑체온도는 거의 절대온도 272°K, 섭씨 약 -1°C가 된다. 현재 지구는 구름이나 눈 때문에 지구 반사율 A=0.3 정도이다. 이 경우, 그림 1-4에 따르면, 대기가 없는 경우보다 더 낮은 Te=-18°C(255K)라는 유효흑체온도를 얻을 수 있다. 지구는 높은 반사율로 인해 지구 전체에서 -18°C라는 낮은 유효흑체온도를 갖는다. 구름의 존재는 지구 전체를 차갑게 만드는 요인 중 하나로 중요하다.

그런데 지구 표면의 온도가 실제 290°C 정도임을 감안하면, 우리는 대기의 보온 효과가 얼마나 중요한지 알 수 있다. 이처럼 온실효과와 대류효과로 인해 대기온도의 수직구조[11]는 일정하지 않고 상층에서 저

---

11 대기온도의 수직구조 : 대기온도의 수직 분포를 말한다. 대기온도의 수직분포 특징에서 대기를 4가지

온, 하층에서는 고온이 된다. 앞서 언급한 −18℃라는 온도는 대체로 성층권 부근의 기온을 말한다. 다만 지표면 부근은 대기가 없는 경우(−1℃)보다 온도가 훨씬 높다. 이를 통해서도 지구의 대기가 지표면 보온에 절대적으로 작용하고 있다는 것을 알 수 있다. 대기가 얇은 화성에서 이 반사율은 단지 15% 정도인 데 반해, 대기가 지구보다 두꺼운 금성에서는 반사율이 77%나 된다. 이런 측면에서 혹성을 외부에서 본 유효흑체온도와 지표면의 온도는 다르며, 이는 대기의 두께나 조성과 관련된다는 것을 알 수 있다.

1.4 대기분자와 빛

우주에 원소가 존재하는 존재비율[12]은 대략 원자번호가 적은 순서대로 많다고 생각해도 무방하다(정확히는 수소 > 헬륨 > 산소 > 탄소 > 질소 > …의 순서). 이 중 반응활성이 강한 산소의 상당 부분은 탄소나 수소와 결합해 일산화탄소나 물이 된다. 지구가 형성되었던 초기 단계에서는 가벼운 수소나 헬륨이 우주 공간으로 확산되어버렸기 때문에 수소와 산소로 이루어진 물이 바다를 형성했다. 또한 산소와 탄소가 결합한 일산화탄소나 이산화탄소는 질소와 함께 초기 대기를 형성했고, 결국 초기 대기는 이산화탄소를 주성분으로 할 수밖에 없었다. 현재 질소와 산소로 구성된 대기는 지구상에 생명활동이 많아지면서 산소가 대량으

영역으로 나눌 수 있다.

12 우주 원소의 존재비율 : 우주에서 원소의 존재량 비율을 말한다.

로 만들어진 결과이다. 차차 설명하겠지만, 탄소순환으로 대기 중 이산화탄소 농도가 낮아지지 않았다면 결코 생명은 탄생할 수 없었을 것이다.

이와 같이 지구표층을 형성하는 원소의 존재 비율은 지구의 형성이나, 대기와 바다의 형성 및 그 이후의 역사를 거치면서 처음 존재했던 우주의 원소 존재비와는 크게 달라지게 되었다. 이런 과정을 거쳐 생겨난 지구의 현재 대기에는 무려 12가지 이상의 주요 원소를 지닌 가스가 포함되어 있다(표 1-1).

표1-1 대기 중에 포함된 주요 온실효과 가스

온실가스	2005년 대기 중 농도
이산화탄소(CO_2)	379 ± 0.65ppm
메탄(CH_4)	1.774 ± 1.8ppb
일산화이질소(N_2O)	319 ± 0.12ppb
메틸클로로포름(CH_3CCl_3)	19 ± 0.47ppt
육플루오르화황(SF_6)	5.6 ± 0.038ppt

[IPPC 제4차 평가 제1작업부 하위보고서(2007)]

영국의 물리학자 존·친달(1820~1893)은 수증기(H_2O)나 이산화탄소(CO_2), 메탄(CH_4) 등의 기체가 적외선을 흡수할 수 있다는 것을 발견했다. 이런 적외선을 흡수할 수 있는 기체를 온실효과 가스라고 부른다. 지구 대기에 포함되어 있는 온실효과 가스에는 수증기, 이산화탄소, 메탄 외에도 할로카본류(프론 가스 등)[13]도 있다. 주로 공업생산으로 발생되는 할로카본류의 대기 중 농도는 극히 낮고, CO_2 농도의 100만분의

---

13 할로카본류 : 프레온 가스로 대표되는 불소, 염소, 브롬, 요오드 등 할로겐 속의 원소를 포함한 탄소화합물의 총칭을 말한다.

1 정도에 지나지 않는다. 그러나 단위질량당 온실효과의 크기가 CO_2의 수천~수만 배에 이르기 때문에 극히 적은 양만으로도 지구온난화에 미치는 영향은 엄청나다.

도대체 어떻게 CO_2 등과 같은 온실가스가 적외선을 잘 흡수할 수 있는 것인가? 적외선은 우리들 눈에 보이는 빛(가시광선)이나 자외선, X선 등처럼 일종의 전자파다. 이 전자파가 '전자적인 편이를 가진 입자(예를 들면 H_2O 분자)'를 진동시킨다. 원래 CO_2 분자는 기본적으로 전기적인 편향을 갖지 않는 일직선으로 늘어선 분자지만, 아주 적은 양의 전자파만 받아도 (전자파에 노출되면) 전기적인 편향이 일시적으로 생긴다. 이때 분자 중 두 군데, 즉 C와 O가 결합된 부분이 스프링처럼 신축되거나 구부러진다. 그 결과 CO_2 분자는 파장이 15μ 정도의 열적외선을 흡수해 진동하거나 회전한다(그림 1-5). 뿐만 아니라 다른 분자와도 충돌한다. 그래서 이 진동·회전에너지가 다른 분자에도 전해져 대기가 따뜻해지는 것이다.

그림 1-3에는 다양한 종류의 가스가 어느 파장에서 광을 흡수하는지를 보여준다. 여기서 구조가 비대칭인 팽이 형태[14] 수증기는 더욱 다양

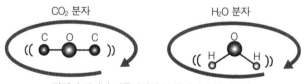

각각의 원자가 진동하면서 분자 전체가 회전한다.

그림 1-5 대기조성 분자에 의한 광흡수

---

14 비대칭 팽이 형태 : 그림 1-5의 H_2O 분자와 같이 분자의 위치가 직선에서 벗어난 구조를 가진다.

한 파장에서 빛을 흡수한다. 그로 인해 현재 지구 대기에서는 수증기, 오존, 이산화탄소에 의한 투과율이 정해진다. 광 흡수가 적은 곳을 일컬어 '대기의 창'이라 부른다. 특히 중요한 것은 파장이 $0.35 \sim 1\mu$ 부근까지의 '가시광선(영역)의 창', 그리고 $8 \sim 15\mu$ 사이의 '적외(영역)의 창'이다. 전자는 태양광이 효율적으로 지면을 데우기 위한 창의 역할, 후자는 지표면 부근의 열을 우주 공간에 열적외선 형태로 방열하는 창의 역할을 각각 맡고 있다.

온실효과는 온실효과 가스가 지표면에서 나온 열적외선을 대기가 흡수하기 때문에 일어난다. 이산화탄소, 메탄, 이산화질소, 프레온가스 등은 각각의 분자 구조에 의해, 이 '대기의 창' 영역에 흡수대를 갖고 있어서 열이 빠져나가는 루트를 효율적으로 차단시킨다. 이 때문에 이들 기체는 조금만 있어도 매우 큰 온실효과를 가져온다. 최근 이슈가 되고 있는 지구온난화 문제는 인간의 활동에 의해 발생한 이산화탄소, 메탄 등이 '적외의 창'에서의 흡수를 일으키기 때문에 생기는 것이다. 즉, '적외의 창'을 인위 기원인 온실가스가 흐리게 하기 때문에 지구 방사가 우주 공간으로 빠져나가는 루트를 차단시킨다.

이에 비해 N_2(질소가스)나 O_2(산소가스)와 같은 한 종류의 원소로만 이루어진 두 개의 원자 분자는 분자구조가 간단해서 적외선을 쬐더라도 이처럼 진동에 의한 흡수가 일어나기 어렵다. 대기의 주성분인 질소나 산소는 이렇게 흡수가 약해서 어떻게 보면 지구로서는 다행이라 할 수 있다. 만약 이들 주성분 가스가 많은 광흡수를 했다면 지구 기후는 현재와는 전혀 다른 형태로 발전했을 것이다.

그림 1-6에서 나타낸 그래프는 지표면을 나온 적외방사가 대기를 조

성하는 가스에 의해 얼마나 흡수되는지를 나타낸다. 이를 보면 수증기가 최대 온실가스로 전체의 40%를 차지한다(흐림과 맑은 날 평균). 그 다음으로는 이산화탄소로, 약 15%를 차지한다. 한편, 구름이 있는 경우에는 바로 그 구름 때문에 흡수가 최대를 이룬다는 것을 알 수 있다.

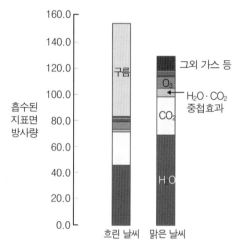

그림 1-6 대기조성가스에 의한 지표면 방사의 흡수

지구의 대기는 $1m^2$당 약 10톤이다. 그중 이산화탄소는 단지 6kg밖에 되지 않는다. 그래도 이 이산화탄소가 지표면에서 방출된 적외선을 20W 정도 흡수한다. 이것을 전 지구의 양으로 계산하면 10PW가 된다. 앞서 설명한 바와 같이, 적도지역에서 양극으로 대기와 바다의 운동에 의해 운반되는 에너지는 3PW 정도인데, 이는 온실가스에 인한 보온 효과가 얼마나 큰 에너지를 지구에 가둬두고 있는지를 알려준다. 이런 측면에서 근본적 온실가스에 대해 생각해보면, 지구 기후는 결국 이들 미세한 분자에 의해 결정된다는 결론을 얻을 수 있다.

만약 '적외의 창'이 완전히 차단되면 지구는 어떻게 될까? 이것은 매우 흥미로운 문제가 아닐 수 없다. 온도가 점점 상승해서 몇 백 °C가 되고 바닷물이 증발해버리면, 지구는 금성처럼 온도가 상당히 높아져 생물이 살 수 없는 지옥과도 같은 상태가 될지도 모른다. 이런 상태(현상)를 '폭주 온실효과'라고 한다. '적외의 창'이 완전히 닫히면 정말로 그렇게 되는 것일까? 이 문제를 제대로 이해하기란 어렵고 완전히 해결된 것도 아니다. 하지만 현재 추론 가능한 과학지식을 빌린다면, 구름의 양이 지금보다 크게 줄어들지 않는 한 기온은 계속 상승하지만 바다는 끓는 법이 없을거라는 결과가 나왔다. 주된 근거는 태양으로부터 1억 5천만 km 떨어진 곳에 있는 지구의 바다를 끓이기엔 현재의 태양방사로는 충분하지 않다는 점이다.

이런 예를 통해 우리는 지구가 모두 흡수할 수 없는 태양방사에너지가 지구의 기후체계에 매우 중요한 것임을 알 수 있다. 태양방사의 수십 %는 지표면이나 구름 등에 의해 반사되어 우주로 빠져나간다. 이때 '혹성 반사율'도 지구의 표면온도에 크게 영향을 끼친다. 대체로 이 반사율은 눈이나 구름에 의해 40~80%, 흑색 토양이나 해수면으로는 몇 %에 지나지 않는다. 과거에도 눈이나 구름의 양은 다양하게 변화해왔지만, 현재 태양방사에너지는 전 지구 평균 약 30%를 반사하고, 나머지 태양방사에너지의 대부분은 지표를 따뜻하게 만드는 데 사용된다.

1.5 '온실효과'와 '양산효과'가 기온을 결정한다

지금까지 설명한 것처럼 반사된 태양방사를 제외하고 나머지가 지구의 대기나 지표면에 흡수되어 대기나 지표면을 데우는 데 작용한다. 대기는 태양방사를 대부분 그대로 통과시키고, 가열된 지구 표면은 유효흑체온도가 약 255°K(섭씨 −18℃)에 해당하는 $1m^2$당 396W의 열방사 에너지를 방사하지만, 대부분은 중간 대기에 흡수되기 때문에 모두 우주 공간으로 직접 빠져나가지는 않는다(그림 1-7). 따뜻해진 대기에서는 장소마다의 온도로 결정되는 파장방사가 위쪽이나 아래쪽으로 다시 방출된다. 그 결과 상층에서는 차갑고, 지표면 부근에서는 따뜻한 대기구조가 만들어진다. 이것을 온실효과라고 한다.

이런 온실효과 때문에 지구의 표면은 대기가 없다고 가정했을 경우보다 한층 더 따뜻해져 생물이나 동물의 생육환경에 적합한 따뜻한 온도를 유지할 수 있다. 이런 구조(그림 1-7을 모식화한 그림 1-8)를 간단한 퍼즐처럼 풀어보자.

우선 태양방사가 태양으로부터 들어온다. 이 방사에너지를 5단위(그림 1-7에서는 341W/m)로 가정한다(①). 구름이나 눈 등에 의해 5단위 중 2단위가 우주 공간에 반사된다고 가정하면(②), 나머지 3단위가 대기와 지표면에 흡수되어(③), 지구를 따뜻하게 만든다. 이용 가능한 에너지의 감소를 '대기의 양산효과'라고 부른다. 더욱이 대기를 따뜻하게 하는 양은 그림 1-7에서 알 수 있듯이 너무 작아 여기서는 전부 지표면에 흡수되는 것으로 간주된다.

태양방사로 지구가 따뜻해지면 지표면의 온도에 대응한 열방사에너지가 위쪽 방향으로 방사된다(④). 그 일부(2단위로 함)가 대기에 흡수되고(⑤), 나머지(1단위)가 직접 우주 공간으로 방출된다(⑥). 만약 대기에 운동이 없다고 하면(실제로 그림 1-7에 나타내는 것과 같이 지구 대기

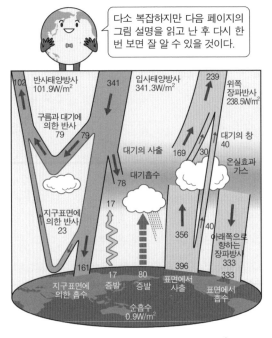

[Trenberth et al. (2009)]

그림 1-7 지구 시스템에서 에너지 수지(전 지구 평균을 나타냄)

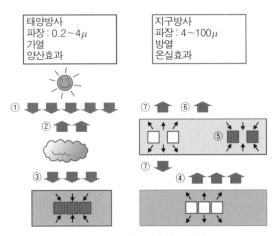

그림 1-8 양산효과와 온실효과

전체를 생각하면 대류 등에 의해 상하 방향으로 열이 이동되어가는 양은 그다지 많지 않다), 이 흡수된 양은 에너지 보존 법칙에 의해 다시 상하방향으로 다시 방사된다(⑦). 간단히 설명하기 위해 대기층을 같은 온도로 가정하면, 위쪽과 아래쪽으로 방출되는 양은 똑같아지며, 그림 1-7에서도 알 수 있듯이 지표면에서 방출되는 양보다도 적어진다(1단위로 함).

이번엔 이런 방사에너지의 흐름을 전체적으로 다시 한번 살펴보자. 대기층의 위쪽 부분에서는 태양방사가 대기의 양산효과에 의해 5단위 중 3단위 정도만 지구 시스템에 들어간다. 한편, 열방사도 3단위가 우주 공간으로 방출되면서 에너지 보존 법칙을 충족시킨다. 지표면에서는 이 3단위 정도보다 더 많은 에너지를 방출하지만, 대기가 뜨거워지면서 그 역시 차이 나는 3단위 정도로 에너지 보존 법칙을 충족하게 된다. 이렇게 뜨거워지는 것은 우주 공간으로도 에너지를 방출시켜 대기 전체로서는 2단위 정도의 에너지를 잃는 게 되지만, 이 양은 지표면에서 방출된 에너지에 의해 가열됨으로써 역시 균형을 유지하게 된다. 이처럼 지표면과 대기 시스템은 서로 따뜻함을 유지하고 있는 것이다. 그 결과 지구 표면은 대기보다 따뜻한 상태로 유지된다. 이것이 바로 '온실효과'다. 한편, 그림 1-8은 극히 모식화한 것이어서 구체적인 수치 등을 알고 싶다면 그림 1-7을 참조하기 바란다.

이처럼 지구는 높은 반사율을 갖기 때문에 밖에서 보면 -18℃라는 낮은 유효흑체온도를 갖지만 아래층으로 갈수록 따뜻한 구조를 지녀 대기의 낮은 부분(지표면)에서는 생명체가 살 수 있는 따뜻한 상태를 이룬다. 이런 사실을 일찌감치 제창한 사람은 프랑스의 수학자 조셉 푸리에(1768~1830)다. 푸리에는 '실제로 지구가 따뜻한 것은 우주로 빠져나가야 될 지구방사를 대기가 흡수하고 있기 때문이다'고 생각했다. 루트비히 볼츠만(1844~1906)이 물질이 방사하는 방사에너지 양을 결정하는 스테판-볼츠만 법칙을 이론적으로 1844년 증명한 것을 미뤄보면 푸리에의 착상은 그보다 훨씬 아득한 옛날이었다.

이런 지식을 바탕으로 그림 1-7을 한번 더 보기로 하자. 앞서 설명한 바와 같이, 지구는 단위표면적당 341W의 태양방사에너지를 받고 있다. 그중 일부는 구름으로 반사되지만 나머지는 흡수되어 그것이 최종적으로는 열적외선이 되어 지구로부터 방사되므로 전체적으로 지구의 열수지는 거의 평형상태에 놓이게 된다. 입사된 태양방사의 일부는 구름 등으로 반사되어(102W), 지구에 흡수되는 것은 239W 정도이다. 그중 상당 부분(161W)이 지표면에 흡수됨으로써 지표면은 가열된다. 이런 과정에서 따뜻해진 지표면으로부터 열적외방사(396W)가 나옴과 동시에 대기의 아래로부터는 333W나 적외선이 방출되기 때문에 지표면에서는 에너지 평형이 유지된다. 이런 과정이 포함된 열을 유지시키고 있는 것을 일컬어 온실효과라고 한다는 것은 앞서 설명한 바와 같다. 따라서 온실효과의 정체는 그림 1-5에서 보여준 것처럼 수증기나 이산화탄소 같은 온실가스에 의한 적외선 흡수에 있다고 할 수 있다.

구름은 매우 유효하게 양산효과와 온실효과를 모두 일으킨다. 때문에 기후에 미치는 그 영향력은 복잡할 수밖에 없다. 나중에 따로 설명하겠지만, 이런 복잡한 상황은 항상 기후 모델링을 설계할 때 큰 문제가 된다. 현재 인공위성관측에 의하면 구름은 전체적으로 약 -15W의 변화를 가져올 수 있는데, 바로 이 구름의 존재로 인해 지구는 조금 차가워지게 된다.

물의 또 다른 형태인 얼음(빙상)의 존재도 태양방사의 반사율을 높인다. 지구가 한랭화되면 빙상도 늘어난다. 그 결과 태양방사의 반사율도 높아져서 더욱더 한랭화가 진행된다. 말하자면, 설빙은 기온과는 매우 강한 '정(플러스)의 피드백'(나중에 기술한다)을 갖고 있어 기후변동에 매우 큰 역할을 하고 있는 것이다.

1.6 지구는 피드백 기능으로 스스로 환경을 유지하고 있다

지구는 태양으로부터 1억 5천 만km 떨어진 궤도를 주기적으로 선회하는 반경이 6,370km인 혹성이다. 우리를 둘러싼 자연, 즉 '기후 시스템'은 지구의 기후를 결정하는 대기와 해양, 대륙(육지면), 해수·빙상 등 지구표층의 서브 시스템으로 구성되어 있다(그림 1-9). 기후는 바로 이 시스템에 일어나는 것으로서, 어느 정도의 시간 주기로 계속되는 특징적인 상태를 의미한다. 따라서 우리가 다루고자 하는 문제가 바뀌면 기후의 정의도 달라질 수밖에 있다. 예를 들어, 매년 일어나는 계절 변화는 인간의 일상생활이라는 관점에서는 기후로 정의할 수 있지만 빙하기의 원인을 논의하는 경우에서는 이런 계절 변화는 극히 사소한 수준의 것일 수 있다. 결국 기후 시스템이라는 것은 다양한 시간 스케일에 걸친 기후변화가 다중구조를 함의한 것으로 해석할 수 있으며, 바로 그 복합적인 구조 자체라고 할 수 있다.

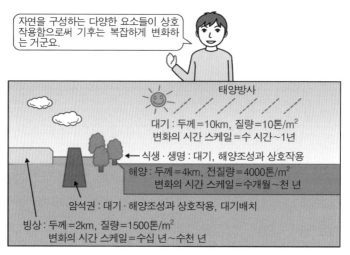

자연을 구성하는 다양한 요소들이 상호 작용함으로써 기후는 복잡하게 변화하는 거군요.

태양방사

대기 : 두께=10km, 질량=10톤/m²
변화의 시간 스케일=수 시간~1년

식생·생명 : 대기, 해양조성과 상호작용

해양 : 두께=4km, 전질량=4000톤/m²
변화의 시간 스케일=수개월~천 년

암석권 : 대기·해양조성과 상호작용, 대기배치

빙상 : 두께=2km, 질량=1500톤/m²
변화의 시간 스케일=수십 년~수천 년

그림 1-9 기후 시스템 개념도

이처럼 다양한 시간 스케일로 변동이 일어나는 이유는 기후 시스템을 형성하는 서브 시스템이 변화하는 데 필요한 고유한 시간 스케일 때문이다. 이 시간 스케일은 대체로 서브 시스템을 구성하는 물질의 중량(질량)에 비례한다. 예를 들어, 전 지구 표면을 덮고 있는 대기층은 두께약 10km(대기를 균질하다고 가정한 경우의 유효한 두께) 정도로 10m 두께의 수층(물기둥; water column)과 같은 무게(1m²당 약 10톤)를 가진다. 그 내부는 질소나 산소와 같은 주요 대기 성분과 함께 수증기와 이산화탄소, 오존 등을 포함하고 있어 구름이 발생되기도 한다. 대기는 얇은 베일이지만 태양이나 지구가 방출하는 빛과 전자파의 방사에너지를 조절하여 지구 기후 형성에 큰 역할을 하고 있다. 이런 특징적인 변화가 일어나는 시간 스케일은 구름 등이 발달할 수 있는 몇 시간부터 계절변화가 일어나는 1년 정도인데, 이런 정도의 시간 스케일은 우리에게 가장 익숙한 기후변화라고 할 수 있다.

해양은 전 지구 면적의 약 70%를 차지하며, 그중 평균 수심이 4,000m 나 되는 막대한 물도 있다. 그런데 공기와 같은 무게의 물을 1℃ 정도 따뜻하게 하는 데는 공기의 4배가 되는 열에너지가 사용된다는 것을 생각하면, 해양의 변화를 일으키는 데는 막대한 에너지가 필요하다는 것을 알 수 있다. 한편, 해양은 일단 움직이면 잘 멈추지 않는다는 성질 도 갖고 있어서 해양에서의 특징적인 변화의 시간 스케일은 계절 변화 에서부터 무려 1,000년 정도의 기간에까지 이르기도 한다. 즉, 해양의 변화는 대기의 1,000배라는 큰 시간 스케일이 된다는 이야기다. 해양이 라는 큰 질량 때문에 대기에서 일어나는 변화는 바다에 전해지고 느린 변화가 이루어진다. 그 결과, 변화가 빠른 대기와 느리게 변하는 해양이 상호작용하면 엘니뇨나 계절풍 순환(monsoon circulation) 등 다양한 시 간 스케일로 기후변화 현상이 발생하는 것이다.

그린란드나 남극 등 극지방에 있는 빙상은 변화의 시간 스케일이 어느 정도일까? 그린란드 빙상의 두께는 평균 2km, 남극 빙상은 평균 2.5km 정도다. 이런 면적은 거의 작은 바다와 같다. 그런데 그 변화의 시간 스케일은 수십 년에서 수천 년이나 되고, 특히 바다가 변화하는 시간 스케일 이상으로 아주 천천히 변화한다. 왜냐하면 아주 큰 얼음덩 어리는 한번 형성되면 나중에 설명할 아이스 알베도 피드백이 빙괴(얼 음덩어리)를 오랜 시간에 걸쳐 안정화시키는 방향으로 작용하기 때문 이다. 이렇듯 빙상이나 대기의 예에서처럼 기후 시스템에서 개개의 서 브 시스템은 각각 고유의 시간 스케일로 변동하지만 그것들이 상호작용 하면 복잡한 변화가 생길 수밖에 없다.

이야기가 조금 딴 길로 접어든 듯하지만, 잠시 한 가지만 예를 들어보겠다. 이런 '복잡한 변화'를 쉽게 체험할 수 있는 장난감을 본 적 있는가? 그런 장난감 중 하나로 기후 시스템을 설명한다면 카오스 현상[15]을 이해하면 쉬울 듯하다. 카오스 현상은 모멘트가 다른 진자를 조합하고, 그 진자의 움직이는 패턴이 순식간에 바뀌는 것을 지칭한다. 다시 말해 조합된 진자를 흔들면 처음에는 작은 진자가 주기적인 진동을 하는데 그것이 곧 큰 진자를 조금씩 움직이도록 한다. 이 작은 진동이 한층 더 커지면 갑자기 큰 쪽의 진자가 한 바퀴 획 도는 것처럼 지금까지의 주기 운동과는 전혀 다른 움직임을 보인다. 시간 스케일이 다른 서브 시스템을 지닌 기후 시스템에서도 어느 기간 주기적인 운동을 하다가 갑자기 다른 현상을 나타내기도 한다. 이는 일종의 카오스 현상과 같은 것이고, 기후 시스템에서는 이를 일컬어 '기후 점프'라고 한다.

조합된 진자의 예에서 유추해서 알 수 있듯이 외부로부터 어떤 힘이 주어졌을 경우 갑자기 다른 움직임이 나타날 수 있다는 것은 누구든 쉽게 이해할 수 있을 것이다. 이런 카오스 현상은 지구 시스템보다 훨씬 작은 몇 개의 비선형 운동방정식[16]을 사용하면 쉽게 설명할 수 있다. 여기에 대해 관심 있는 사람들은 카오스 현상에 관한 서적을 찾아서 읽어보면 좋을 듯하다. 여기서는 유명한 '로렌츠' 문제[17]에서 볼 수 있는, 어떤 상태에 대한 궤도 그림(그림 1-10)을 소개하는 정도로 만족할까

---

15 카오스 현상 : 비선형 미분 방정식으로 나타난 운동을 초기 증상에서 시간 적분할 경우 초기 증상에 포함된 어떤 작은 오차도 그것을 확대해 얻을 수 있는 최종 상태가 오차마다 바뀌어버리는 현상을 말한다.

16 비선형의 운동방정식 : 유체의 운동을 나타내는 나비에·스토크스 방정식은 구해야 할 풍속끼리의 곱셈을 포함한 비선형 방정식이기 때문에 바람끼리의 상승효과가 작용하기 쉬워 그 풀이는 매우 복잡하게 변화한다. 대부분의 경우 풀이가 카오스적인 행동을 나타낸다.

17 로렌츠곡선 문제 : 카오스적 행동을 나타내는 비선형 미분 방정식계의 하나. 메사추세츠공대 기상학자 에드워드 N. 로렌츠가 1963년 논문에서 대류 현상을 나타내는 방정식의 풀이가 카오스 현상이 될 것임을 보여줬다.

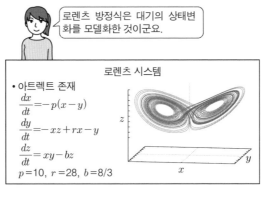

로렌츠 방정식은 대기의 상태변화를 모델화한 것이군요.

로렌츠 시스템

• 아트렉트 존재
$$\frac{dx}{dt} = -p(x-y)$$
$$\frac{dy}{dt} = -xz + rx - y$$
$$\frac{dz}{dt} = xy - bz$$
$p=10, \ r=28, \ b=8/3$

* 아트렉트는 어떤 역학계에서 시간발전이 있을때, 역학계의 상태가 그 부근에서 정지되거나, 상태에 따라서 시간발전을 하는 상태

그림 1-10 로렌츠 나비 : 1972년에 행한 강연 부제 : "브라질에 있는 나비의 날갯짓은 텍사스에서 토네이도를 일으킬까?"

한다. 서로 다른 안정적인 상태 사이에서는 실제의 상태가 이행되는 모습을 쉽게 알 수 있다.

자, 이제 기후 이야기로 다시 돌아가자. 기후변화는 어떤 기후 상태가 시간이 지나면서 다른 상태로 변하는 것을 말한다. 앞서 제시한 진자의 예에서 설명했듯이, 규칙적인 운동을 하던 상태는 다음의 다른 상태로 옮겨지는 것에 대응한다. 진자의 예에서처럼 이런 기후변화의 메커니즘에서 중요한 것은 어떤 서브 시스템(어떤 진자)이 변화하면 그것이 다른 서브 시스템(다른 진자)에 영향을 줘서 반작용이 일어나고, 결국 서브 시스템 사이에 피드백(되먹임 작용)을 발생시킨다는 점이다. 이런 피드백 때문에 생기는 변화는 우리가 전혀 상상할 수 없는 어떤 것이 될 수도 있다.

이런 피드백의 움직임을 엿보기 위해 앞서 언급한 그린란드와 같은 극지방에 있는 빙상의 길고 긴 수명에 대해 생각해보자. 빙상의 발달에

는 그림 1-11의 (a)에 제시된 것처럼 강한 '정(플러스)의 피드백'(후술한다)이 작용하는 것으로 알려져 있다.

빙상이 한번 발달하면 기온 저하가 일어나고, 빙상이 더욱더 발달하도록 피드백 작용이 잇달아 일어나기 때문에 빙상은 안정적으로 존재할수 있다. 이것은 도로에 내린 눈이 사라지지 않고 계속해 쌓이는 것과 비슷한 현상이다. 얼음덩어리가 어느 정도의 크기로 형성되면 그대로 오랫동안 유지되는 경향과 비슷하다. 반대로 어떤 이유로 인해 큰 빙상(얼음덩어리)이 줄어들면, 반대 방향으로 피드백 작용이 형성되어 빙상은 천 년 정도의 시간 스케일로 융해되는 일도 있다.

피드백 작용의 또 다른 예로 온난화로 인한 구름의 증가 경우를 생각해보자. 이 경우는 그림 1-11의 (b)와 (c) 같은 두 가지의 피드백 작용을 생각해볼 수 있다.

첫 번째 피드백은 온난화로 인해 얇은 상층운이 발생한다고 가정했을 경우이다. 이 경우는 새로 생긴 구름이 지표면을 따뜻하게 하는 온실효과를 만들어내어 온난화를 더욱더 진행시킨다. 즉, 구름이 온난화를 증폭시키는 기능을 한다는 이야기다. 이를 일컬어 온난화와 얇은 상층운 사이에 '정의 되먹임(positive feedback)'이 발생한다고 말한다.

두 번째의 피드백은 온난화로 인해 낮은 구름이 발생한다는 가정을 했을 경우이다. 이 경우는 구름에 의해 태양방사를 반사하는 양산효과가 발생해서 지구가 차가워진다. 즉, 구름이 온난화를 억제하는 작용을 한다는 것이다. 이것을 두고 온난화와 저층운 사이에 '부(마이너스)의 피드백(negative feedback)'이 발생한다고 말한다.

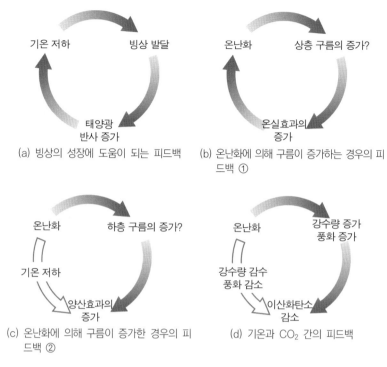

기온 저하   빙상 발달

태양광
반사 증가

(a) 빙상의 성장에 도움이 되는 피드백

온난화   상층 구름의 증가?

온실효과의
증가

(b) 온난화에 의해 구름이 증가하는 경우의 피
드백 ①

온난화   하층 구름의 증가?

기온 저하

양산효과의
증가

(c) 온난화에 의해 구름이 증가한 경우의 피
드백 ②

온난화   강수량 증가
풍화 증가

강수량 감수
풍화 감소

이산화탄소
감소

(d) 기온과 CO_2 간의 피드백

그림 1-11 기후변화의 메커니즘에서 다양한 피드백(되먹임) 작용

실제로 그림 1-11에 표시된 '?'(하층 구름의 증가)가 일어날지에 대해
서는 아직까지 정확히 알 수 없다. 전 세계에 즐비한 기후 모델을 봐도
온난화로 인해 어느 정도 높이에 구름이 생길지는 예측하기 어렵다.
때문에 똑같은 양의 이산화탄소 증가에 대해 생각하더라도 과연 기온이
몇 도 상승하는지는 각각의 모델에 따라 다르게 나타날 수밖에 없다.
이런 어려운 문제는 현재의 지구온난화에 대한 모델링에서 불확실한
요인 중 가장 크다.

지금까지 살펴본 바와 같이 빙상이나 구름에 관한 피드백은 기후
형성과 기후변화에 중요한 영향을 주고 있다. 물론 기후 시스템에는

그 외에도 다양한 정과 부의 피드백이 있다. 때문에 역설적이지만 46억 년이라는 나이를 지닌 지구의 역사를 전체적으로 조망하면 그간의 기후는 비교적으로 안정되었다고 할 수도 있다.

오랜 시간 스케일로 작용하는 피드백의 예로 기온과 이산화탄소(CO_2) 사이의 피드백을 생각해보자. 지표면의 온도가 내려가면 바다로부터의 증발이 억제되어 강우량이 줄어든다. 그럴 경우 대륙에 분포하는 암석 등의 침식 등에 사용되는 CO_2 양도 감소한다. 결국 대기 중에는 CO_2의 소비량이 줄어드는 것이다. 그런데 화산 활동이 계속 발생하고 있기 때문에 화산가스에 포함된 CO_2는 일정한 속도로 공급되고 있다. 그 결과 대기 중에는 CO_2 농도가 증가하고, 마침내 온실효과가 증폭됨에 따라 지표온도가 올라가기 시작한다.

한편, 이와는 반대로 지표온도가 상승하면 증발이 활발해지고 강우량이 증가한다. 풍화 역시 활발해져서 CO_2의 제거가 촉진되어 온실효과가 감소되고, 마침내 온도가 내려가기 시작한다. 즉, 풍화과정이 개입되는 이 프로세스에서는 온도와 CO_2가 마이너스 피드백을 만들어 서로 안정화하려고 한다(그림 1-11의 (d)).

실제로 이런 과정에는 생명활동에 의한 피드백이 더해져 한층 더 다양한 변화가 초래된다. 이런 예는 대기·바다·지각권·생물권(바이오스페어) 전체가 관련된 CO_2 순환계 속의 지구가 가진 독자적인 피드백 기능이라 할 수 있다. 만물의 모태인 지구는 마치 하나의 살아 있는 생물처럼 호흡하고, 작은 자극에도 반응하며, 어디서든 스스로 조율하며 자신의 건강 상태를 유지하는 것처럼 보인다. 이런 점을 감안하여 영국의 과학자 제임스 러브록은 이를 가이아[8]라고 불렀다. 조금 지나치

게 의인화되었는지는 모르나 기후체계에서 다양한 서브 시스템이 상호
작용하여 그랜드 피드백(대 되먹임 작용)으로 기후를 형성하고 있는
것은 사실이다. 게다가 이런 심도 있는 이해는 지구온난화 현상을 이해
하는 데 매우 중요하다. 기후요소 간의 피드백에 대한 우리의 이해가
갖춰졌을 때, 각각의 피드백 간에 일어나는 고유의 시간 스케일을 파악
하는 것도 더없이 중요하다. 다음 장에서는 앞서 설명한 그랜드 피드백
에 의해 지구 대기가 어떻게 형성되어왔는지를 설명하겠다.

---

18 가이아 : 지구를 거대한 생명체로 여긴다는 가설을 러브록이 제창한 뒤, 작가 윌리엄 골딩의 제안에 따라
    그리스 신화의 여신 이름을 따서 '가이아 이론' 으로 명명됐다.

2.
전 지구 역사 속에 일어난 기후 변천
- 수십억 년 스케일

2. 전 지구 역사 속에 일어난 기후 변천 - 수십억 년 스케일

2.1 태양의 탄생

1장에서는 기본적으로 현재 상태의 지구 대기를 예로 들어 과연 기후가 어떤 요인 때문에 만들어지는지에 대해 생각해보았다. 그러나 태양 방사에너지는 태양의 탄생된 이래로 크게 변해왔고, 지구 대기의 형성도 지구가 탄생된 이래 크게 변화해왔다. 따라서 어떤 효과가 지구의 기후 형성 요인으로 크게 작용했는지는 46억 년이라는 지구사의 각 시점에 따라 다를 수밖에 없다. 이번 장에서는 지구 기후가 성립된 시점에서부터 전 지구사가 진행되는 동안 지구의 기후가 어떤 모습으로 변화해왔는지를 거시적이지만 수십억 년 스케일로 살펴보는 것부터 시작해보기로 한다.

지금으로부터 약 46억 년 전, 은하계에 존재하던 하나의 별이 최후를 맞이하여 엄청난 폭발을 일으켰다. 초신성 폭발이라고 불리는 현상이다. 은하계의 주변 영역에서 일어난 이 폭발은 격렬한 충돌파를 만들어

냈고, 이 충돌파가 분자구름[1]에 전달되어 밀도 흔들림[2]을 일으켰다. 그 가운데 분자구름 중에서도 특히 밀도가 높은 영역인 '분자구름 코어'가 자기 중력을 지탱할 수 없게 되면서 서서히 수축하기 시작했다.

분자구름 코어는 처음에는 천천히 수축되었지만 밀도가 증가함에 따라 가속화되어 수축을 앞당겨 중심부로 질량이 모아진다. 중심부에서는 밀도가 증가함에 따라 점차 고온이 되어 빛이 강해지고 결국에는 원시 태양을 탄생시킨다.

잇달아 원시 태양의 주위에는 '원시 태양계 원반'이라고 불리는 가스와 먼지로 이루어진 원반이 형성된다. 지구를 포함한 태양계의 혹성과 작은 천체들은 모두 이 원시 태양계 원반으로부터 형성되었다. 지구가 속한 태양계는 과거에 초신성의 잔해인 성간물질[3]로 만들어졌다. 사실은 이런 점은 별 내부나 초신성 폭발로 만들어지는 철이나 금, 우라늄 같은 무거운 원소가 태양계에 많이 존재한다는 점으로도 분명히 알 수 있다.

원시 태양은 가스의 수축 때문에 발생한 열로 빛나지만, 시간이 흐르면 마침내 중심부에서는 열핵융합반응이 생긴다. 이른바 주계열성[4] 단계에 도달한 것이다. 이것이 태양이라는 별의 탄생 순간이다.

---

1 분자구름 : 우주 공간에 떠도는 수소와 헬륨 밀도가 높은 영역을 지칭한다. 분자구름 중에 특히 밀도가 높은 영역(분자구름 코어)에 별이 형성된다.

2 밀도 흔들림 : 초신성 폭발에 의한 충격파의 통과에 따라, 분자구름 가스가 압축되는 등 밀도의 콘트라스트가 생기는 것을 말한다.

3 성간물질 : 우주 공간에서 별과 별 사이를 채우고 있는 희미한 물질. 대부분은 수소와 헬륨 등의 가스로 구성되며, 나머지는 광물이나 얼음 등의 고체 미립자(먼지)로 구성된다. 그 밀도가 특히 높은 영역을 분자구름이라고 부른다.

4 주계열성 : 천체의 중심부에서 핵융합반응이 일어나 스스로 빛나고 있는 태양과 같은 별을 말한다.

태양의 중심핵에서는 핵융합반응에 의해 수소원자 4개가 헬륨원자 1개로 변환된다. 이때 막대한 에너지가 만들어진다. 바꾸어 말해, 태양은 '수소를 태워 빛나고 있다'라고 할 수 있다. 수소는 타면서 헬륨이 되기 때문에 시간이 경과하면 태양의 중심핵에서는 수소와 헬륨의 비율이 변하고, 궁극적으로는 헬륨이 풍부해진다.

헬륨이 많아지면, 태양 중심부의 밀도가 높아지고 압력이 증가해서 온도가 높아진다. 그 결과 핵융합반응의 효율이 높아져 시간이 지날수록 태양의 밝기도 높아진다. 표준 태양모델[5]에 의하면 태양은 처음 탄생했을 때보다 약 40~50% 정도 그 밝기가 증가했다(그림 2-1). 그리고 대략 100억 년 정도 주계열성으로서 계속 존재하고 있다고 생각된다.

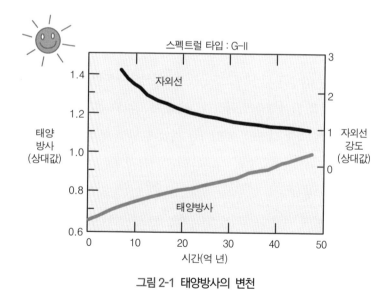

그림 2-1 **태양방사의 변천**

5   표준 태양모델 : 물리 법칙에 근거해, 태양의 내부 구조·조성·진화를 기술한 수학 이론 모델을 지칭한다.

태양의 중심핵에서 발생하는 핵융합반응에 따라 뉴트리노[6](중성 미립자)가 생성된다. 뉴트리노는 물질과의 상호작용이 매우 약해서 태양 내부를 그냥 지나쳐 우주 공간으로 방출된다. 즉, 태양 뉴트리노는 현재 태양 중심부에서 일어나고 있는 핵융합반응을 직접 반영한다. 이는 마치 태양 표면에서 방사되고 있는 열에너지가 중심핵에서 발생하고 수십만 년이 지난 후 겨우 태양 표면에 도착하는 것과는 전혀 다르다.

그런데 관측에 의해 검출되는 태양의 뉴트리노 수는 이론적인 예측값의 반 정도밖에 되지 않았다(태양 뉴트리노 문제). 이것은 아직까지 풀리지 않은 난제인데, 표준 태양모델에도 영향을 미치는 난제 중의 난제이다. 태양의 진화는 지금까지 우리가 생각한 것처럼 안정된 것이 아니라 매우 불안정한 것일 가능성도 있다는 말이다.

그러나 최근 일본 기후지방에 건설된 슈퍼카미오칸데[7]에서 뉴트리노를 정밀 관측한 결과에 따르면, 뉴트리노는 질량을 갖고 있어서 뉴트리노의 프레이버(소립자의 내부 양자수)가 변하는 '뉴트리노 진동'이 생기고 있다는 것을 알아냈다(밝혀졌다). 태양 뉴트리노 문제는 바로 이 뉴트리노 진동에 의해 설명될 수 있다는 것인데, 만약 이것이 옳다면 표준 태양모델로부터 얻어낸 진화 시나리오도 기본적으로는 타당하다고 생각해도 좋을 듯하다.

여기에 덧붙여 이런 뉴트리노 천문학의 선구자적인 공헌이 높이 평가되어 2002년 도쿄대학 이학부의 코시바 마사토시 교수가 노벨 물리학상

---

6   뉴트리노 : 소립자의 하나로 질량이 매우 작고 전하를 갖지 않는 입자를 이른다.
7   슈퍼카미오칸데 : 일본 기후지방 카미오카 광산 내에 건설된 세계 최대의 우주 소립자 관측 장치. 태양 중성미자의 관측을 주로 하고 있다.

을 수상하였다.

2.2 일찍이 이산화탄소는 대기의 주성분이었다

크게 보면, 기후변화를 일으키는 중요한 요인 중 하나는 대기조성의 변화이다. 현재 지구에는 수증기와 이산화탄소가 대기 아래층을 따뜻하게 해주는 온실효과의 주요한 역할을 하고 있다. 대기 중에 포함된 이산화탄소의 양은 380ppmv(1m³ 공기 중에 380cm³)로, 기압으로 환산하면 불과 1만분의 3기압(0.3hPa) 정도의 미량 성분에 불과하다.

그런데 거슬러 올라가면 지구가 형성된 약 46억 년 전의 원시 대기 중에는 수십 기압의 이산화탄소가 포함되어 있었던 것으로 생각된다. 즉, 초기의 지구 대기는 현재의 금성이나 화성처럼 이산화탄소가 주성분이었을 가능성이 높다는 이야기다. 지구가 형성되고 거의 마무리되어 가는 지구 형성 말기에는 화성 크기(지구 질량의 10분의 1 정도)의 원시 혹성이 지구에 충돌했고, 그로 인해 달이 만들어진 것으로 생각된다. 이렇게 거대한 충돌로 인해 원시 지구의 일부는 증발·용융하였고, 지구는 기체화된 암석인 암석증기에 휩싸였으며, 지표는 질퍽질퍽하게 녹은 마그마 오션(마그마 바다)을 이뤘다. 그런데 암석증기는 급속히 냉각되어 응결되었고, 수증기와 이산화탄소를 주성분으로 하는 대기가 남겨졌다. 수증기의 강력한 온실효과 때문에 원시 지구 내부에서 방출되는 열이 흡수되어, 마그마 오션은 수백만 년에 걸쳐 유지되었다. 그 후 수증기 대기는 원시 지구 내부의 냉각이 진행되면서 불안정하게 응결되었고, 엄청나게 많은 비가 수백 년간 계속 내리면서 원시 해양이 형성되었다고 보인다.

이와 동시에 이때 지표도 비 때문에 냉각되어 원시 지각이 형성되었다. 원시 대기 중에는 염화수소나 황화수소 등도 대량으로 함유된 것으로 보인다. 이들이 녹아 어우러진 빗물에 염산과 황산이 섞여 있어서 pH 1 이하의 강산성을 나타냈고, 게다가 100~300℃의 고온이라서 원시 지각과 격렬히 반응했다. 그 결과 원시 지각으로 부터 칼슘이나 마그네슘 등의 양이온이 녹아서 방출됨으로써 원시 해수(바닷물)가 급속히 중화된 것이다.

수증기가 응결된 후 원시 대기 중에는 대량의 이산화탄소가 남게 되었다. 이산화탄소는 산성인 물에는 녹을 수 없어서 처음에는 원시 대기 중에 존재했다. 이때의 이산화탄소 양은 수십 기압 정도였을 거라 생각된다.

바닷물이 중화되면 이산화탄소는 해수에 용해되어 칼슘이나 마그네슘 등의 양이온과 반응해 탄산염 광물[8]의 형태로 해저에 침전된다. 이런 과정이 진행되면서 처음 대기 중에 수십 기압으로 존재하던 이산화탄소가 몇 기압 정도까지 감소했을 것이다. 그러나 격렬한 화산 활동 등으로 인해 이산화탄소의 공급도 계속되어 대기 중의 이산화탄소는 그 이하로 저하되지는 않았다. 이런 상태가 지구 탄생 직후의 상황이다.

그러나 이 시나리오에는 다양한 불확실성이 존재한다. 가령, 마그마 오션 가운데 지구의 중심핵(코어)을 만드는 재료인 금속 철이 포함되었다고 가정해보자. 당시 마그마 오션을 덮었던 원시 대기의 성분으로

8 　탄산염 광물 : 탄산칼슘($CaCO_3$) 등 탄산산(CO_3^{-2})을 포함하는 화합물의 총칭. 바닷물에서 침전되어 생성된다. 석회암은 탄산칼슘을 50% 이상 함유한 퇴적암을 지칭하는 것이다.

이산화탄소나 수증기와 같은 산소가 포함된 기체가 존재한다면 금속 철의 산화환원 반응이 일어나서 금속철은 산화철이 되고, 이산화탄소나 수증기는 산소를 빼앗겨 일산화탄소와 수소가 될 수밖에 없다. 이런 화학적 반응의 결과, 원시 대기는 일산화탄소나 수소가 주성분이 되었을 가능성도 있다.

그러나 일산화탄소는 이산화탄소로 변한다. 대기 중의 수증기가 태양으로 부터의 자외선을 받으면 OH라디칼이라고 불리는 반응성이 풍부한 부대전자(짝짓지 않은 전자9)를 지닌 분자가 생겨난다. 이것이 일산화탄소를 산화시키고 이산화탄소로 바꾼다. 또한 수소는 가볍기 때문에 우주 공간으로 흩어진다. 이런 이유로 인해 일정 시간이 흐르면 최종적으로 이산화탄소를 주성분으로 하는 대기가 형성된다.

2.3 그렇다면 이산화탄소는 어디로 갔을까?

앞서 설명한 것처럼 이산화탄소는 한때 지구 대기의 주성분이었다. 그렇다면 그토록 많던 대량의 이산화탄소가 대체 어디로 사라진 것일까? 사실 이산화탄소의 농도를 크게 낮추려면 대륙 지각 형성이 반드시 동반되어야 가능할 것으로 판단된다.

대륙 지각은 주로 화강암이라 불리는 암석으로 이루어진다. 화강암은 지구 이외에서는 발견되지 않은, 우주의 관점에서 봤을 때 아주 특별한 암석이라 할 수 있다. 이 화강암은 지구 탄생 직후에 이미 형성되어

---

9   짝짓지 않은 전자 : 분자나 원자의 최외각궤도에 존재하는 짝이 되어 있지 않은 한 개밖에 없는 전자를 칭한다. 짝짓지 않은 전자를 가지는 분자나 원자(라디칼)는 매우 불안정하기 때문에 화학 반응성이 풍부하다.

있었다는 증거가 발견되었다. 그러나 대륙이 현재와 같이 지구 표면을 넓게 뒤덮었던 시기는 지구사의 약 절반(약 30억~25억 년 전)이 경과한 이후였다. 그때까지 지구 표면의 대부분은 해양으로 덮여 작은 덩어리로 된 육지가 곳곳에 흩어져 존재하던 상황이었다. 그렇다면 대륙 지각이 형성되면서 왜 이산화탄소 농도가 낮아진 것일까? 하나의 궁금증이 다른 궁금증을 계속해 불러낸다.

일반적으로 대륙표면은 해저보다 온도가 높아서 화학반응이 진행되기 쉬운 특성을 지닌다. 비나 지하수에는 이산화탄소가 용해되어(녹아) 있기 때문에 약산성이 되고, 암석과 접촉함으로써 암석을 구성하는 광물을 용해시키는 작용을 한다. 즉, 화학반응에 의해 암석이 풍화되는 '화학적 풍화'라고 불리는 과정이 뒤따르는 것이다. 화학적 풍화에 의해 칼슘이온 등 다양한 양이온이 광물에서 녹아내리고(화학적으로 용출이라 한다), 하천을 통해 바다로도 흘러든다. 바다에 녹아 있는 미네랄(광물 성분)의 대부분은 대륙으로부터 화학적 풍화에 의해서 공급된 것이라고 해도 좋을 듯하다.

화학적 풍화는 해양에서도 일어난다. 엄밀히 말해, 대륙 표면보다 바다에서의 화학반응은 진행되기 어렵다고 하더라도 바다 안에서도 다양한 화학반응이 발생한다. 특히 용해되어 존재하고 있는 이산화탄소와 칼슘이온 등이 서로 반응해 탄산칼슘과 같은 탄산염 광물이 만들어진다. 이런 과정을 거쳐 이산화탄소가 감소한다.[10]

생물이 살고 있지 않았던 지구환경에서도, 말하자면 완전한 무생물

---

10 이러한 화학적 반응과정을 거치면서 과거 대기의 주성분이 될 정도로 많았던 이산화탄소는 해양에서 탄산염 광물로 침전되어 퇴적물 속에 보존된다. 대부분 그 기원에 대기에 있었던 탄소이다. (역자 주)

환경에서도 바닷물이 탄산칼슘에 의해 포화되면 탄산칼슘 침전이 일어났다(실제로는 상당하게 과포화가 되어야 한다). 놀랍게도 현재의 지구에서는 이런 반응에 생물이 깊이 관계하고 있다는 점이다. 예를 들어, 주로 탄산칼슘으로 이루어진 산호초의 경우가 그러하다. 그 외에도 코코리스[11]나 유공충[12] 등과 같은 식물이나 동물 플랑크톤이 탄산칼슘을 이용해서 성장하는 과정에 자신들의 각질(껍데기)을 만들고 있다.

이처럼 대륙에서 일어나는 화학적 풍화와 해양에서 탄산염 광물의 침전에 의해 대기 중의 이산화탄소가 소비되기 때문에 대기 중에 존재하는 양은 점점 감소한다. 바로 이 과정이 전 지구사를 통해 대기 중의 이산화탄소를 제거해온 주요한 메커니즘이라고 할 수 있다. 그와 동시에 생물이 광합성을 하면 이산화탄소가 유기물로 고정되고 궁극적으로는 퇴적물로 고착되는데(유기물 매몰 과정), 이 과정 역시 해양에서 이산화탄소를 제거하는 또 하나의 중요한 메커니즘이다.

현재 지구표층에 존재하는 퇴적암 중에는 탄산염 광물이나 유기물의 형태를 갖춘, 이산화탄소 60~80기압에 해당하는 탄소를 포함한 것이 있다. 이들은 모두 원래는 대기 중이나 해수 중에 있었던 이산화탄소가 오랜 지구환경이 변화하는 과정에서 고정된 것으로 간주된다.

11, 12 코코리스(coccolith), 유공충(foraminifera) : 코코리스는 전 세계 해양에 넓게 분포하고 있는 단세포 진핵조류(algae)로서 원반형 탄산칼슘 껍데기를 가진다. 유공충은 아메바류 생물이고 탄산칼슘을 주성분으로 하는 석회질 껍데기를 가진다. 해양표층에 서식하는 부유성의 유공충과 해저에 서식하는 저서성 유공충으로 구분한다.

2.4 태양광도의 증가와 탄소순환

전 지구사적 시간 경과와 함께 대기 중 이산화탄소 농도가 저하되어 온 것은 태양의 진화와 밀접하게 관련된다. 태양 중심부에서 일어나는 핵융합 반응은 시간과 함께 효율적으로 발생했다. 그 결과 태양광도는 시간이 지날수록 증가한다는 것이 앞서 설명한 바와 같다. 태양방사에 너지는 결국 지구 기후를 결정짓는 요체였다. 이것이 시간 경과와 함께 증가하면서 지표온도도 함께 상승한 것이다. 하지만 그 변화가 실제로 는 반드시 비례적인 변화는 아니었다. 여러 이유 중 하나는 앞 절에서 설명했듯이 화학적 풍화반응이 온도에 대한 의존성을 가졌기 때문이라고 생각된다.

풍화반응으로 이산화탄소가 비나 지하수에 용해되어 탄산이 된다. 이것이 지표의 암석을 구성하는 광물을 용해하는 반응이다. 일반적으로 화학반응은 온도가 높을수록 빨리 진행된다. 이로 인해, 온난화가 발생 하면 지구 전체에서 육상의 화학풍화가 진행되고 이산화탄소의 소비가 증가된다. 결국 이산화탄소의 감소로 온난화에 다소 제동이 걸린 것 이다.

결국 태양광도가 시간이 경과하면서 증가하게 되는데 이에 대응하여 대기 중 이산화탄소의 농도 수준은 시대에 따라 감소되었다고 할 수 있다. 이렇게 지구 형성 초기에 대기의 주성분이었던 이산화탄소는 지 구사를 거치며 줄곧 감소했고, 산업혁명이 일어나기 직전인 시점에 이 르러 겨우 280ppm이라는 농도까지 떨어진 것이다.

참고로 이 메커니즘의 반대의 경우도 마찬가지다. 어떤 원인에 의해 한랭화가 발생하면 화학적 풍화가 진행되기 어렵다. 이때 대기 중에는 화산 활동에 의해 공급된 이산화탄소가 축적되면서 결과적으로는 대기 중의 이산화탄소 농도가 높아진다. 즉, 한랭화에 제동이 걸리는 셈이다.

화산 활동에 의한 이산화탄소 공급이나 대륙에서 발생하는 화학적 풍화, 해양에서 일어나는 탄산염 광물의 침전 등으로 형성된 이산화탄소의 움직임(거동)을 '탄소순환(carbon cycle)'이라 부른다(그림 2-2). 탄소순환 시스템은 지구가 온난화될 때뿐만 아니라 한랭화될 때에도 브레이크가 걸리는 것과 같은 메커니즘으로 작동한다. 이것은 일종의 시스템을 안정화시키는 메커니즘이다. 앞서 1장에서 설명한 '부(마이너스)의 피드백'이 작용한다는 것이 그것이다. 특히 이 피드백은 발견자인 미시간대학 제임스 워커 박사의 이름을 따 '워커 피드백'으로 부른다. 사실이 부의 피드백(negative feedback)으로 인해 장기적으로 지구의 기후는 크게 증가하지 않고 안정적으로 유지되어왔다고 여겨진다.

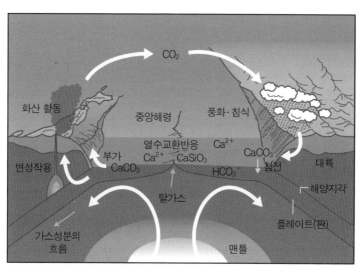

그림 2-2 장기적인 관점에서 본 지구상의 탄소순환

중요한 점은 이 메커니즘이 유효하게 작용한 것은 수십만 년 이상의 장기적인 시간 스케일로 변화가 일어날 때로 한정된다는 데 있다. 그 주된 이유는 이 메커니즘에 의해 대기와 해수 중의 이산화탄소 총량이 변화하는 데는 그만큼의 시간이 걸린다는 점 때문이다. 따라서 이 메커니즘은 최근 지구온난화 같은 몇 년~수십 년 정도의 단기적인 시간 스케일에서는 유효하게 작용되기 어렵다는 점을 꼭 기억해둬야 한다.

2.5 산소 농도의 증가와 오존층의 형성

초기의 지구 대기 중에는 산소가 극히 적은 양(현재의 $1/10^{13}$(십조) 정도)밖에 존재하지 않았다. 산소 분자는 산화력이 강해서 환원적인 (산화하기 쉬운) 지표면의 광물이나 화산가스 중에 포함된 기체를 산화시키면서 소비되기 때문이다. 이런 점 때문에 지구가 형성되었던 초기의 표층환경은 화학적으로는 매우 불안정했다고 해도 과언이 아니다.

그런데 지금으로부터 약 22억 년 전쯤 광합성 생물(시아노박테리아)이 산소를 대량으로 만들어내고 대기로 방출함에 따라 대기에는 산소 농도가 급격히 증가되었다. 산소 농도는 그 후 약 6억 년 전에 급상승하였고, 현재는 대기의 21%를 차지하고 있다. 이렇게 산소가 급상승한 것은 지구의 역사를 통해 이산화탄소의 감소와 더불어 지구의 대기조성을 크게 바꾼 또 하나의 중요한 사건이라 할 수 있다. 현재의 지구 대기는 이런 다양한 과정을 거쳐 만들어진 역사적 산물이다(그림 2-3).

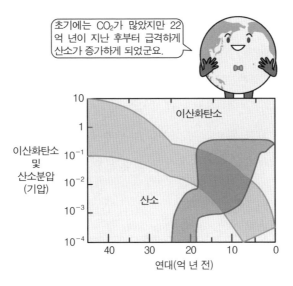

초기에는 CO_2가 많았지만 22억 년이 지난 후부터 급격하게 산소가 증가하게 되었군요.

이산화탄소

이산화탄소 및 산소분압 (기압)

산소

연대(억 년 전)

* 대기 중의 이산화탄소 및 산소의 분압의 변화를 추정한 결과, 추정은 큰 불확실성이 있으므로 추정의 상한 및 하한 범위를 해치로 나타낸다.

그림 2-3 대기조성의 변천

그런데 산소분자는 대기 상공에서 태양으로부터의 자외선을 흡수하고 광해리[13]를 하면서 산소원자가 된다. 산소원자와 산소분자가 결합함으로써 3개의 산소원자로 이루어진 오존이 생성된다. 오존은 지상 20～25km 부근에 가장 많이 분포하는데, 전체적으로는 10～50km 상공의 성층권에 분포함으로써 오존층을 형성하고 있다. 대기 중에 산소 농도가 증가하면 오존의 농도도 따라서 증가한다. 현재의 오존층에서 오존 농도는 2～8ppm (지상 부근에서는 0.03ppm) 정도로 양으로는 적은 분포지만 이것이 태양의 자외선을 효과적으로 흡수하고 있다.

---

13 광해리 : 대기분자가 주로 자외선을 흡수해 더 작은 분자나 라디칼 등으로 분리되는 과정을 말한다.

이 때문에 성층권에서는 고도가 높아질수록 온도도 함께 상승한다 (그림 2-4). 대류권이나 중간권에서의 온도가 고도와 함께 낮아지는 것과는 대조적이다. 오존 농도가 가장 높은 곳은 고도 20~25km 부근이지만, 상공일수록 자외선이 강하고 대기 밀도가 얇아서 성층권에서는 고도 50km 부근에 가장 높은 온도가 형성된다. 생물활동은 지구 대기조성뿐만 아니라 대기의 온도구조에까지 영향을 미치고 있다.

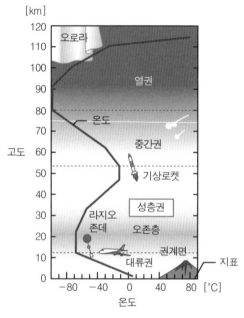

그림 2-4 대기의 구조

한 가지 더 덧붙인다면, 자외선이 생물에게는 해롭다는 점이다. 오존층 형성으로 인해 생물이 육상으로 진출할 수 있었다는 가설도 있다. 다만 이런 가설은 현재의 100분의 1 정도의 산소 농도인 경우라도 생물에게 유해한 자외선을 대부분 흡수하는 오존층의 형성된다는 가정하에 서다. 이 정도의 산소 농도 수준은 약 22억 년 전에 이미 달성되어 있었을 가능성이 높지만, 식물의 육상 진출은 불과 4~5억 년 전의 일이었다는 사실은 주목할 일이다. 따라서 오존층의 형성과 생물의 육상 진출과의 인과관계는 현재로서는 확실하지 않다.

그런데 프레온가스처럼 우리 인간 활동에 의해 대기 중으로 방출된 염소를 포함한 화학물질이 오존층을 파괴하고 있다는 것은 큰 문제가 아닐 수 없다. 오존층의 붕괴에 따른 자외선 증가가 피부암의 증가와 연결되고 있기 때문이다. 이것 또한 오존층과 생물과의 밀접한 관계를 보여주는 알기 쉬운 예다. 특히 남극과 북극 상공에는 봄이 되면 '오존홀'로 불릴 만큼 오존 농도가 감소하는 현상을 자주 목격된다. 이 문제에 대한 국제사회의 대응은 신속하게 이루어졌다. 1987년 몬트리올 의정서가 체결됨으로써 오존층 파괴의 원인이 되는 물질을 삭감하거나 폐지할 일정표가 결정되었다. 하지만 오존층 파괴의 영향은 현재까지도 계속되고 있고, 지구 기후에도 다양한 영향을 미칠 것으로 예측되고 있다.

2.6 바다는 안정적으로 존재해왔다

지구의 기후는 오랜 지구환경 변화를 거치면서 기본적으로는 현재처럼 온난하고 습윤한 환경을 유지해왔다. 이 같은 결론을 내리는 이유는 해양이 계속 존재해왔다는 하나의 지질학적 증거가 있다는 점, 생명이 탄생된 이후에도 계속 해양이 존재해왔다는 점 등이 바로 그 근거들이다. 물론 이런 사실은 기후가 전혀 변동되지 않았음을 의미하는 것은 아니다.

이를테면 해양은 기온이 100℃를 웃돌아도 사라지지 않는다. 물이 100℃로 증발하면서 모두 수증기가 되는 것은 1기압일 때의 경우다. 압력이 높아지면 물은 계속 존재할 수 있다. 물은 임계조건[14]까지 액체 상태를 유지할 수 있다. 즉, 해양은 0~374℃라는 온도 범위에 걸쳐 존재할 수 있다. 또한 해양을 구성하는 물의 양이 모두 증발하면 270기압 정도가 되는데, 이는 물의 임계압력보다 높아진다.

그러나 앞서 기술한 바와 같이, 지구가 형성될 때 물은 전부 증발하여 수증기 상태의 대기를 형성하고 있었던 것으로 여겨진다. 이처럼 지표면의 물이 모두 증발한 상태를 '폭주 온실상태'로 부른다. 폭주 온실상태를 실현하려면 지표면에 단위면적당 약 300W 이상의 큰 에너지가 공급되는 조건이 갖춰져야 한다는 것으로도 알 수 있다.

1장에서 언급한 대로 현재의 지구궤도상 태양으로부터의 방사에너지는 단위면적당 약 341W로 300W를 넘어선다. 그런데 그중 약 30%가 구름 등에 의해 우주 공간으로 반사되고 있다. 이런 점을 고려하면 실제 지표면이 받고 있는 것은 약 239W 정도이다. 과거의 태양광도가 지금보다 작았던 것을 감안하면, 오랜 지구 역사를 거치는 동안 바닷물을 완전히 증발시키기에는 태양방사만으로는 부족하다는 결론이 나온다.

지구가 형성될 때에는 태양방사에 더해 작은(미) 혹성[15]의 충돌에너

---

14 임계조건 : 임계점. 그보다 고온·고압 조건이 되면 액체도 기체도 아닌 초임계수가 되는 조건이 되는 것으로 물인 경우 온도로 약 374℃, 압력으로 약 221기압을 말한다.

15 미혹성 : 태양계 형성 초기에 개체 미립자가 중력적으로 집합하여 형성되었다고 여겨지는 가상적인 작은 천체. 지구를 포함한 모든 지구형 혹성이나 거대 혹성의 중심핵은 미행성의 충돌하여 합체되면서 형성되었다고 여겨진다.

지, 또는 거대한 충돌에 의해 가열된 지구내부로부터의 열의 흐름(지각 열류량이라 부른다)이란 조건이 달성되었을 때 가능하다. 결국 지표 부근의 물이 모두 증발하여 수증기 형태의 대기를 형성하고 있었다고 간주된다.

그러나 이런 극단적인 조건을 유지하기란 매우 어렵다. 일단 이 조건이 깨져 지표면에 공급되는 에너지가 단위면적당 300W를 밑돌면 수증기 대기는 갑자기 불안정해지고 마침내 응결되면서 해양을 형성하게 된다. 반대로 말하면, 일단 해양이 형성된 후에 이런 상황이 일어나는 것은 물리적으로는 극히 생각하기 어렵다는 이야기다(해양이 형성된 후에 다시 수증기 대기로 전환되는 것은 대단히 어렵다는 것이다).

이런 점은 지구가 형성될 때 수증기 대기가 형성되었다고 한다면, 해양이 형성된 것은 늦어도 지구 형성 직후(정확하게는 지구가 형성되는 도중)라는 이야기다. 그리고 그 후 지구 역사상(초기에 일어났을지도 모르는 소혹성의 대충돌 이벤트를 제외하면) 해수가 모두 증발한 일이 생겼다고는 도저히 생각할 수 없다.

다만 태양광도는 시간이 지날수록 증가하고 있어서 먼 미래에는 폭주 온실조건이 달성될 수밖에 없다. 즉, 미래에는 해양이 모두 증발해 사라진다는 것이다. 좀 더 정확히 말하면, 지금부터 약 15억 년 후 성층권에 존재하는 수증기 혼합비가 증가함에 따라 태양으로부터 자외선에 의해 형성된 수소가 우주 공간으로 급속히 빠져나가기 시작할 것이고, 잇달아 약 25억 년 후에는 지구상에 남아 있는 물도 모두 증발해 버리고, 결국에는 해양조차 소멸될 것이라는 이야기다. 반면, 바닷물이 모두 증발하지 않고 동결될 가능성도 충분히 있다. 나중에 설명할 테지만, 과학자들이 '전 지구 동결(스노우볼 어스) 이벤트'라고 부르는 현상이다. 그런데 이런 예외적인 일이 일어날 수 있는 시기를 제외하면, 해양은 오래도록 지구 역사를 거치며 안정적으로 존재해왔다고 생각된다.

이상과 같은 과학적 사실 혹은 시나리오는 지구 기후의 변화를 이해하는 데 매우 중요하다. 바다의 형성(존재)으로 인해 지구사의 어느 시점에서는 대기 중으로 수증기가 공급되고 그에 따라 구름이 형성되어왔다. 즉, 어느 시점에서 구름의 양이 어느 정도였는지를 알아야 우리는 지구의 온도를 정확하게 결정할 수 있다. 하지만 구름의 양에 대한 정보가 지층이나 해저퇴적물 코어,[16] 빙상 코어[17]에는 기록되어 있지 않다. 따라서 구름의 양에 대해 이해하려면 지구 역사의 어떤 시점, 어떤 조건에서도 계산 가능하고, 또 완전히 일반화된 대기 - 해양대순환 모델[18]을 개발하지 않으면 안 된다. 구름의 형성에 관한 문제는 현재 지구 기후에 관련해서도 가장 다루기 어려운 문제 중 하나다. 게다가 여기에 고기후까지 포함된 구름의 형성과 그 역할까지 이해하는 것은 현대 과학에 남겨진 큰 숙제가 아닐 수 없다.

16, 17 퇴적물코어, 빙상 코어 : 해저 퇴적물을 굴착하여 회수한 원주 모양의 암석 자료를 해저 퇴적물 코어라고 부른다. 또한 마찬가지로 빙상을 굴착해 회수한 원주상의 얼음 시료를 빙상 코어라고 부른다.

18 대기 - 해양대순환 모델 : 대기와 해양의 운동과 열 수송 등을 기술하는 방정식을 동시에 풀어, 대기와 해양의 종합작용을 재현할 수 있는 수학 이론 모델이다.

3.
수십억 년부터 수억 년 스케일의
기후변동

3. 수십억 년부터 수억 년 스케일의 기후변동

3.1 기후의 진화 : 수십억 년 스케일의 변동

2장에서 살펴봤듯이, 지구가 형성되고 초기에 대기의 주성분이었던 이산화탄소는 오랜 지구 역사를 거치며 크게 감소해왔다고 설명한 바 있다. 이것은 태양광도(태양의 밝기)가 시간경과에 따라 증가 과정에서 나타나는 영향을 상쇄되듯 탄소순환 시스템이 워커피드백(negative feedback) 과정을 거치는 가운데 반응한 결과였다. 그렇다면 지구 기후는 전 지구 역사를 통해 항상 일정했는가를 묻지 않을 수 없다. 한마디로 그렇지 않다는 것이다.

이산화탄소 농도는 언제나 직선적으로 감소한 것이 아니다. 왜냐하면 단기적으로는 증가하거나 감소하기를 반복하면서 장기적으로는 감소하는 추세였다고 봐야 하기 때문이다. 이러한 이산화탄소 농도의 시간적 변동은 온실효과 증감을 통해 기후변화와 연동된 것으로 여겨진다. 나중에 소개하겠지만, 실제로 다양한 시간 스케일로 보면 이러한 이산화탄소의 증감과 기후의 온난화·한랭화 사이에는 상관관계가 없지 않다는 게 인정된다.

그렇다면 이산화탄소 농도는 왜 변화하는 것일까? 우선은 그 자체가 기후변화의 원인이라고 말할 수 있다. 그리고 그 원인 중 시간 스케일에 따라 크게 다르다는 점도 빼놓을 수 없다. 예를 들어, 최근의 지구온난화 문제에서 인간 활동에 의한 이산화탄소 방출이 대기 중의 이산화탄소 농도를 증가시키는 원인임이 명백해졌다. 다만 방출된 이산화탄소는 그대로 대기 중에 축적되는 것이 아니라, 탄소순환을 통해 대기와 해양, 생물권 등과 같은 여러 부분으로 이산화탄소가 분배되는 프로세스를 가지면서 영향을 준다는 점이다. 대기와 해양, 생물권으로 이루어진 시스템은 수십~수백 년 정도로는 평형 상태에 도달할 수 없다. 따라서 현재 우리는 이 변화하는 과정을 목격하고 있는 셈이다.

한편, 100만 년 이상의 시간 스케일에서는 화산 활동이 많고 적음에 따라 대기 중의 이산화탄소 농도가 크게 변화할 수 있다. 화산 활동으로 이산화탄소 방출량이 크게 변화하고, 결과적으로는 대기나 해양 등 지구표층에서 이산화탄소 전체 양이 크게 변하게 된다. 그 결과 대기 중 이산화탄소 농도도 크게 증가하거나 감소한다. 좀 더 자세한 설명은 나중에 하겠다.

그런데 오랜 지구 역사를 거치는 동안 일어난 기후변동(기후진화)에는 탄소순환 시스템 그 자체의 변화에 의한 영향도 염두에 둬야 한다. 현재의 탄소순환 시스템은 대륙의 화학풍화로 인해 대기 중 이산화탄소가 소비되는 프로세스가 중요한 역할을 한다는 점을 앞서 2장에서 언급한 바 있다. 그럼에도 불구하고 대륙 지각은 지구의 역사가 약 반 정도 진행되었을 때(약 30억~25억 년 전)에 급성장했다고 보인다. 당시만 하더라도 지구 역사 전반은 대륙의 면적이 매우 작았을 것이며, 화학적 풍화가 상당히 심하게 일어나지 않았다면, 화산 활동으로 공급되는 이산화탄소도 소비할 수 없었을 것이다. 그 때문에 대기 중의 이산화탄소 농도는 매우 높은 수준(현재의 수천~수만 배)으로 유지되어 고온환경으로 유지되었을 가능성이 높다고 생각된다. 고온 환경에서는 물 순환[1]이 활발해지고 화학적 풍화반응도 촉진되어 결과적으로는 이산화탄소 공급과 소비의 균형이 맞춰질 수밖에 없기 때문이다.

실제로 위에서 설명한 사실을 증명할 수 있는 지질학적 증거가 나왔다. 과거의 해수온도를 지시하는 지표로 자주 이용되는 산소동위원소 비[2] 등의 데이터를 근거로 하면, 과거 약 30억 년 이전의 해수 온도는 약 60~80℃로 추정된다(그림 3-1).

한편, 기후 한랭화를 지시하는 빙하 퇴적물로 가장 오래된 것은 약 29억 년 전 것이고, 범지구적으로 빙하시대가 되었음을 보여주는 증거는 약 24억 5,000만~2억 2,000만 년 전의 것이다. 이러한 사실은 전 지구역사 중반을 경계로 기후가 한랭화되었을 가능성을 지시한다. 이와 같이 전 지구 역사 스케일(수십억 년 스케일)로 봤을 때의 기후변화(기후진화)는 대륙의 성장 등에 의한 기후 시스템이나 탄소순환 시스템처럼 그 자체의 변화가 중요한 요인이라고 생각된다.

---

1 물 순환 : 해수면에서 증발한 수증기가 구름이 되어 지표에 비를 내리게 하고 그 물이 하천이나 지하수로서 다시 바다로 흘러 들어가는 순환이다.

2 산소동위원소 비 : 산소를 포함한 광물(이산화규소나 탄산칼슘 등)이 바닷물에서 침전할 때 온도에 따라 산소의 동위원소 비율이 달라지는 성질이 있으므로 광물 중 산소동위원소 비율을 측정하면 과거의 해수온도(고수온)를 추정할 수 있다. 최근에는 광물 중의 규소동위원소 비율을 통해 고수온을 추정하는 등 여러 가지 방법이 개발되었다. 가장 흔하게는 유공충의 산소동위원소 비를 이용하여 해양동위원소 단계를 만들고 개략적인 연대측정과 더불어 빙기-간빙기 주기의 변화를 관찰한다.

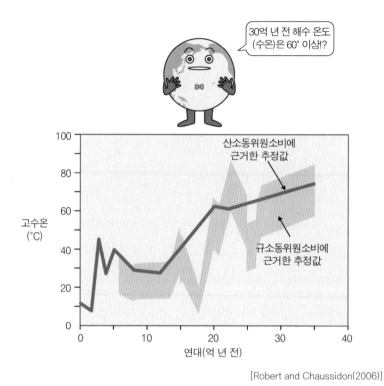

[Robert and Chaussidon(2006)]

그림 3-1 고수온의 변화, 산소동위원소비 및 규소동위원소비에 기초한 추정값

3.2 지구는 온난화와 한랭화를 반복해왔다

기나긴 지구 역사를 되돌아볼 때 지구 기후의 온난화와 한랭화는 반복되어왔음을 알 수 있다. 그 실태는 지층에 잘 기록되어 있다. 예를 들어, 빙하작용에 의해 형성되는 빙하 퇴적물을 지층에서 볼 수 있는 시기는 지구가 한랭했을 때이다.

지형의 기복과는 상관없이 넓은 범위에 걸쳐 확산된 빙하를 '대륙빙하' 또는 '대륙빙상', 아니면 단순히 '빙상'이라고 한다. 이러한 빙상이 존재했다는 증거가 발견되면 이를 토대로 당시의 지구가 한랭한 환경이 었다고 판단하면 된다. 이러한 한랭한 시기를 '빙하시대'라고 부른다. 덧붙여 지금도 남극이나 그린란드에는 대륙 규모의 빙상이 존재하고 있어 지질학적으로는 빙하시대로 구분된다. 보다 엄격하게 말하면 과거 약 1만 년 전부터 지금까지는 홀로세(Holocene)라는 지질학적 시간으로 구분한다. 혹자는 후빙기(post-glacial)라고 부르기도 한다. 보다 한랭한 기후가 다시 찾아오면, 인간의 삶을 지속하기 어렵다고 인식하여 다시 는 혹한의 추위가 오지 않기를 바라는 마음에서 붙여진 이름이라 한다.

그렇다면 어떠한 것들이 빙상이 존재했다는 증거일 수 있는가? 빙상 은 대륙 표면을 큰 강처럼 서서히 움직이면서 다양한 크기의 암편(암석 이나 암석 조각)을 빙상 속에 포함하고,3 최종적으로는 해안 부근에서 분리되어 빙산이 된다. 다시 그 빙산은 바다 쪽으로 떠내려가는데, 서서 히 빙산이 녹으면서 빙산 속에 포획되었던 암석이나 암편 등을 바다 밑으로(해저로) 떨어뜨린다. 이렇게 빙산에서 해저로 떨어진 암석이나 암편을 '드롭스톤(drop stone)'이라고 한다. 일반적인 경우와 달리 모래나 진흙이 쌓여 있는 해저의 퇴적물 속에 갑자기 큰 암석이나 암편이 포함 된 것은 매우 불가사의한 일이어서 이 드롭스톤이 발견되면, 그 퇴적물 이 형성된 시기에는 근처에 빙상으로 덮인 육지가 존재했고, 거기에서 떨어진 빙산으로부터 드롭스톤이 떨어뜨려졌다고 추정할 수 있다. 그 이외에도 빙하작용을 받은 다양한 특징이 지층에 존재하는지 여부를 조사함으로써 과거에 빙상이 존재했는지를 판단할 수 있다.

---

3   육상에 존재하는 작은 암석이나 암석조각 등이 빙상과 같이 굳어지고 뭉쳐져서 이동하게 된다. (역자 주)

그림 3-2는 오랜 지구사에서 빙상이 존재했다고 여겨지는 시대를 나타낸 것이다. 가장 오래된 빙상은 지금부터 약 29억 년 전의 퐁고라 빙하시대이다. 그 후는 원생대 전기 빙하시대(약 24억 5,000만~22억 2,000만 년 전), 원생대 후기 빙하시대(약 7억 3,000만~6억 3,500만 년 전)를 거쳐 현생대의 오르도비스기 후기 빙하시대(약 4억 6,000만 년 전), 석탄기 후기(곤드와나) 빙하시대(약 3억 년 전), 현재를 포함한 신생대 후기 빙하시대(약 4,300만 년 전~현재)로 이어진다. 이 기간 이외의 시대는 극지방에도 빙상이 존재하지 않을 정도의 온난한 시기라는 것이다.

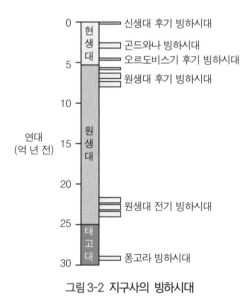

그림 3-2 지구사의 빙하시대

다만 온난한 시기로 여겨지는 판단들 중에서도 아직 그 시대가 빙하시대였음일 지시하는 확실한 빙하 퇴적물이 발견되지 않았다는 이유로 빙하시대가 아닌 것으로 간주되기도 한다. 그렇지만 사실은 빙하시대였을지도 모른다는 의문도 있는 게 사실이다. 실제로 빙하 퇴적물로 의심되지만, 아직 과학자들 간에 의견 일치를 보지 못하는 몇몇 사례가 있다. 다수의 연구자들로부터 그것이 정말로 빙하 퇴적물임을 동의 받을 수 없다면, 이는 빙하시대로 인정되지 않는다는 이야기다.

이러한 부분을 포함하여 포괄적으로 생각해서 그림 3-2를 다시 봐주기 바란다. 이 그림은 빙하시대가 반복되고 있지만 원생대 중반인 약 22억 2,000만~7억 3,000만 년 전까지 약 15억 년간에 걸쳐서 온난기가 계속되고 있었음을 알 수 있다. 현생대인 약 5억 4,200만 년 전 이후에는 빈번하게 빙하시대가 도래했다는 것을 감안하면, 실제로 약 15억 년 동안에 걸쳐 온난기가 안정되게 유지되고 있었다는 것은 매우 신기한 일일 수 있다. 화산 활동 등 고체형인 지구4의 활동이 현재와는 완전히 다른 모드에 있었다고 할 수도 있지만 아직 이 부분에 대해서는 제대로 논의되지 않았다.

최근 원생대의 전기와 후기에 찾아온 빙하시대에 관해서는 당시의 적도지방에도 대륙빙상이 존재했다는 확실한 증거가 발견됨에 따라 지구 전체가 한동안 동결되어 있었다는 추측을 낳았다. 만약, 이것이 사실이면 지구사상 최대의 기후변화라 해도 과언이 아니다. 이 부분에 대해서는 다음 절에서 설명하겠다.

지금까지 살펴본 것처럼 지구사를 통해 다양한 기후변화가 생겼지만,

---

4 고체지구 : 지각이나 맨틀, 코어로 이루어진 지구 본체를 말한다. 코어 대류에 의한 지구 자기장의 생성, 맨틀 대류에 의한 열과 물질의 수송, 플레이트 텍토닉스(plate tectonic), 화산·지진 등은 모두 고체지구의 활동이다.

이들 기후변화 그 자체는 다양한 시간 스케일로 발생하고 있었기 때문에 사실 모든 기후변화를 동일시하는 것은 큰 오해나 혼란을 초래할 수 있다. 시간 스케일이 달라짐에 따라 일어난 현상은 기본적으로 다른 원인이나 메커니즘에 의해 생기는 것이므로 이런 차이는 보다 확실히 구별할 필요가 있다. 먼 과거에 일어났다고 해도 그것이 몇 년~몇십 년이라는 시간 스케일로 일어나는 기후변화 현상이라면 결코 지금의 우리와는 무관한 일이 아닐 것이기 때문이다.

이런 이유 때문에, 이제부터 설명하는 절에서는 지금까지 알려진 과거의 다양한 기후변동에 대해 각각의 특징적인 시간 스케일에 유념하면서 대표적인 것들을 소개해볼까 한다.

3.3 전 지구 동결 이벤트 : 수십만~수백만 년 스케일 변동

원생대 후기에 해당하는 약 6억 5,000만 년 전은 오래전부터 범지구적인 빙(하)기였다고 알려졌다. 이 시대의 지층에는 세계 어디서나 빙하 퇴적물을 볼 수 있기 때문이다. 그러나 당시 기후가 어떤 상태였는지를 알려면 당시의 대륙 배치에 대한 정보가 필요하다. 왜냐하면 대륙은 판에 실려서 이동했기 때문이다. 바꾸어 말해, 당시 모든 대륙이 북극이나 남극에 모여 있었다면 모든 대륙에서도 빙하 퇴적물이 발견되더라도 전혀 이상하지 않기 때문이다.

그래서 암석에 기록된 과거의 지구 자기장(지자기)에 대한 정보를 추정함으로써 빙하 퇴적물이 형성될 당시 그곳의 위도를 자세히 조사하게 되었다. 그 결과 현재의 남쪽 호주는 이 시대에는 적도 바로 아래쪽에 있었던 것으로 밝혀졌다. 당시 대륙은 극지역에 모여 있었던 것이 아니라 오히려 적도지역에 모여 있었던 사실을 알아냈다. 그런데 어떻게 적도지역에 모여 있던 대륙이 빙상에 덮여 있었을까?

1장에서 설명한 방사에너지 수지 개념을 확장해서 극지방에 생긴 얼음(극관)이 한랭화와 함께 저위도 쪽으로 확대하는 경우를 생각해보자(그림 3-3). 얼음은 반사율(알베도)이 높기 때문에 얼음이 확대되면서 지구가 받는 일사의 총량이 떨어진다. 그 결과 지구는 더욱 한랭해지고 극관은 더욱 발달하게 된다.

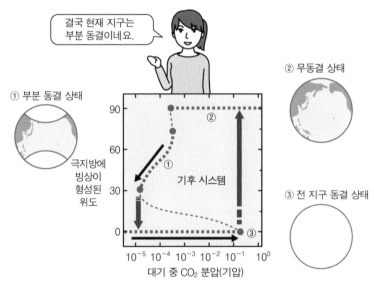

그림 3-3 지구가 가질 수 있는 기후상태

이러한 정(플러스)의 피드백(아이스 알베도 피드백)기구 때문에 극관[5]이 저위도(20~30°)까지 크게 확대되면 기후 시스템은 급격히 불안정해진다. 그 결과 '기후 점프'가 일어나고 결국 지구 전체가 얼음으로 뒤덮인 '전 지구 동결 상태'가 된다고 판단된다. 극관이 저위도까지 발달하려면 분명 수십만 년 이상의 시간이 필요하겠지만 기후 점프에 의해 수백 년 정도로 발생했을 가능성을 고려하지 않을 수 없다.

왜 이런 일이 발생하는지에 좀 더 생각해본다면, 역시 대기 중 이산화탄소 농도가 크게 떨어지는 등 대기의 온실효과가 상실되었다는 것 외에는 생각할 수 없다. 예를 들어, 지구 전체의 화산 활동이 정체되는 등 대기 중으로 이산화탄소가 공급되지 않으면 수십만 년 정도 걸려서 지구는 한랭화되고 마침내 전 지구 동결 상태에 이를 수밖에 없는 것이다.

현재 상태의 지구에서는 대기나 해양의 순환에 의해 저위도에 있는 열이 효율적으로 중위도로 운반되고 있기 때문에 이러한 불안정한 일은 일어나기 어렵다. 하지만 그럼에도 불구하고 이산화탄소 농도가 크게 떨어지면 결국 전 지구 동결 상태가 될 것이다. 예를 들어, 현재 지구에서는 이산화탄소 농도가 수십 ppm까지 저하되면 전 지구는 동결이 일어난다. 지금부터 약 6~7억 년 전의 원생대 후기에는 태양광도가 현재보다 6% 정도 낮았다고 생각되고 있기 때문에 이산화탄소 농도가 현재와 같은 정도(수백 ppm)까지 저하하면 전 지구 동결이 일어났을 것이다. 그런데 원생대 후기에는 무엇 때문에 대기의 온실효과가 상실되었는지에 대해서는 아직 잘 알려진 바 없다.

원생대 후기에 적도지역에 대륙빙상이 존재했던 것이 사실이라면 이론적으로는 당시에 지구는 전 지구 동결 상태였다는 결론으로 귀결된

---

5   극지방에 빙상이 발단한 형태를 이른다. (역자 주)

다. 이 전 지구 동결은 '스노우볼 어스(Snowball earth) 가설(눈덩어리 지구 가설)'이라고 명명되어 최근 주목받고 있다.

전 지구가 동결된 지구는 새하얀 얼음으로 덮여 있었기 때문에 알베도가 매우 높다. 이로 인해 태양방사의 60~70% 정도를 반사했다고 판단된다. 그 결과 지구의 평균 기온은 -40℃까지 떨어졌다. 바닷물도 표면에서 차가워지기 때문에 1000m 정도의 두께로 얼어붙었다. 더욱 중요한 점은 (지금의 관점에서 본다면) 이렇게 지구가 극단적인 상태에 놓여 있긴 했지만 전 지구 동결 상태는 지구 기후 시스템 중에서는 안정적인 상태여서 그 상태(전 지구 동결 상태)를 쉽게 벗어날 수 없었다는 것이다.

지구는 현재와 같이 부분적으로 얼음에 덮인 '부분 동결 상태'(한랭 기후) 외에 얼음이 전혀 형성되지 않은 '무동결 상태'(온난 기후), 전 지구를 얼음으로 덮은 '전 지구 동결 상태'(초한랭 기후)라는 세 종류의 안정된 기후상태로 나타날 수 있다는 것을 알 수 있다(그림 3-3의 점선). 이들 모두는 지구가 받는 태양방사와 지구가 우주 공간으로 방출하는 지구방사가 똑같은 에너지 균형상태에 있었을 때이다. 예를 들어, 전 지구 동결 상태는 지구가 받는 태양방사에너지는 작지만 극심한 한랭기후 때문에 지구가 방사하는 에너지도 작아서 에너지 수지는 균형을 잡았던 것이다.

그렇다면 지구는 도대체 어떻게 해서 이 상태에서 벗어날 수 있었을까? 사실 이 문제는 굉장히 풀기 어려운 부분이었다. 지구가 동결 상태에 빠질 가능성 자체는 1960년대부터 알려져 있었지만 실제로 그런 일은 일어나지 않았던 것 같다. 일단 동결 상태가 되면 그 상태에서 다시 벗어날 수 없다고 생각되었기 때문이다. 그러나 스노우볼 어스 가설에서는 동결 상태에서 벗어날 수 있다는 견해도 나왔다. 전 지구 동결 상태에서는 일반적으로 탄소순환이 작용하지 않는다는 것이 핵심 포인트였다(그러나 전 지구 동결 상태에서도 탄소순환이 가능하다면 전 지구 동결 상태에서 벗어날 수 있다는 것이다).

대기 중 이산화탄소는 보통 대륙에서 일어나는 화학적 풍화나 생물의 광합성에 의해서 소비되지만 지표의 물이 모두 동결되면 이러한 소비 프로세스가 정지되기 때문에 화산 활동으로 인해 기존에 대기로 방출된 이산화탄소는 소비되지 않고 그대로 대기 중에 계속 축적될 것이다. 그리고 이산화탄소가 수백만 년에 걸쳐 현재의 수백 배에 상당하는 농도(0.1기압 정도)가 되면, 적도지역의 기온이 얼음의 융점을 상회하게 된다. 이런 상황에서는 기후 시스템이 불안정해지고 다시 기후 점프가 생겨 얼음은 모두 융해하게 된다. 기후 시스템이 불안정하게 되는 것은 앞에서 언급한 아이스 알베도 피드백과 같은 이유에서다. 이런 과정을 거치면서 지구를 뒤덮었던 얼음이 수백~수천 년 정도면 모두 녹을 수 있다고 여겨진다.

여기서 강조하고 싶은 점은 전 지구 융해[6]는 기후 점프에 의해서 생기기 때문에 대기 중에 존재하는 이산화탄소의 농도 수준은 거의 저하되지 않는다는 점이다. 이 때문에 지구가 동결 상태에서 벗어난 직후의 대기 중에는 0.1기압 정도의 이산화탄소가 존재하여 전 지구 평균 온도가 60℃에 이르는 고온 환경이 된다. 즉, 전 지구 동결 이벤트란 극단적

---

6   전 지구 융해 : 얼어 있는 지구 표면의 모든 얼음이 녹는 것.

인 한랭화가 생길 뿐만 아니라 극단적인 온난화도 수반한다고 하는 것이다. 전 지구 평균 기온 변화는 무려 100℃까지 다다른다.

전 지구 동결 이벤트는 저위도에 빙상이 존재했다는 증거들로부터, 약 23억~22억 2,000만 년 전, 약 7억 3,000만~7억 년 전, 약 6억 5,000만~6억 3,500만 년 전에 걸쳐 적어도 3회 정도 일어났던 것으로 알려져 있다. 전 지구 동결 이벤트에 대한 자세한 내용은 아직 밝혀지지 않았지만, 적어도 지구 사상 최대 규모의 기후변동이라고 할 수 있다. 왜냐하면 지구상의 모든 생물에게 필요불가결한 액체인 물이 모두 얼어버렸기 때문이다. 그로 인해 전 지구 동결 이벤트가 당시 생물에게 미친 영향은 헤아릴 수 없을 정도였을 것이다.

지구환경이 크게 변동한다는 것은 생물의 대멸종을 초래하는 것이기도 하지만, 한편으로는 다시 (대멸종은) 생물의 극적인 진화를 촉진하는 측면도 있기 때문에 전 지구 동결 이벤트는 진핵생물이나 다세포 동물의 출현과 인과관계가 있었다는 설명도 있다. 전 지구 동결 이벤트가 생물진화에 어떠한 영향을 미쳤는지에 대해서는 현재도 논쟁이 계속되고 있다.

3.4 현생대의 기후변동 : 수천만 년 된 스케일 변동

약 6억 년 전, 마지막 전 지구동결 이벤트가 끝난 지 얼마 되지 않아서 다세포 동물이 출현한 것으로 추정된다. 그리고 이때부터 조금 지난 후인 약 5억 4,200만 년 전인 현생대인 캄브리아기에 들어가면 딱딱한 껍데기나 골격을 지닌 생물이 출현하게 된다(그림 3-4).

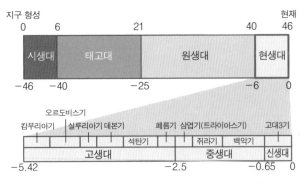

그림 3-4 현생대의 지질 연대 구분(단위 : 억 년)

    딱딱한 껍데기(경골)나 골격은 오팔이나 탄산칼슘, 인산칼슘 등의 광물로 되어 있다. 생물의 부드러운 조직인 유기물은 산소와 결합해 분해되기 쉽지만 광물은 훨씬 안정적인 상태를 이룬다. 그렇기 때문에 캄브리아기를 경계로 생물의 경골이 화석으로 지층에 많이 남아 있다. 이러한 화석들을 통해 현생대에 생물의 멸종이나 다양화 등 생물성쇠가 높은 시간 해상도로 밝혀짐과 동시에 이 시대를 통해서는 기후변화에 관한 자세한 정보도 얻을 수 있게 되었다.

    과거 대기 중의 이산화탄소 농도를 추정하는 것은 매우 어려운 일이다. 나중에 자세히 설명하겠지만 과거 수십만 년 정도는 남극이나 그린란드 빙상(얼음) 속에 당시의 대기가 기포로 남아 있다. 그러나 그 이전의 시대에 대해서는 그와 유사한 대기의 화석은 남아 있지 않다. 또한 그 때문에 이산화탄소가 관련된 다양한 과정에서 만들어진 기록을 통해 간접적으로 추정해야만 한다.

    예를 들어, 이산화탄소는 식물 플랑크톤의 광합성에 의해 유기물로 고정된다. 이때 탄소의 동위원소비율이 바뀌는 성질을 이용한다. 구체적으로 이야기하면, 탄소에는 질량수가 12와 13인 안정동위소가 있는데, 식물플랑크톤은 광합성 과정을 할 때 이 중 가벼운 탄소, 즉 질량수가 12인 탄소를 잘 흡수한다. 그 결과 생물의 몸을 구성하는 유기물의 탄소동위원소 비율(C^{13}/C^{12})은 일반적 환경에서 보이는 탄소동위원소비와는 매우 다른 값을 갖게 된다. 여기서 광합성을 할 때 탄소동위원소 비율의 변화나 그 크기 정도는 환경 중 이산화탄소 농도에 의존한다. 이러한 관계에 주목하면 유기물과 바닷물 중에서 침전된 탄산염 광물의 탄소동위원소 비율 차이(=탄소동위원소비의 변화 크기)로 당시 대기 중에 분포된 이산화탄소 농도를 추정할 수 있다.

그 외에도 고토양이라고 부르는 옛날 토양이 풍화되는 과정에서 화학적 풍화와 관련된 대기 중 이산화탄소 농도를 추정하는 방법과 육상 식물이 이산화탄소를 빨아들이는 잎 표피에 있는 작은 구멍(기공)의 밀도가 이산화탄소 농도에 의존하는 관계를 사용하는 방법 등 여러 가지 추정 방법이 개발되었다. 이러한 방법들은 당연히 불확정성은 크지만, 과거의 환경지표이므로 이를 이용하면 매우 귀중한 정보를 얻을 수 있다.

이처럼 다양한 방법으로 추정된 현생대의 고(古) 이산화탄소 농도에 관한 데이터 일부를 그림 3-5로 제시했다. 이를 보면 잘 알 수 있듯이 과거 약 5억 년에 걸쳐서 대기 중 이산화탄소 농도가 크게 변동하고 있는 것을 알 수 있다. 복수의 방법으로 추정된 고(古) 이산화탄소 농도는 통계적으로 볼 때도 의미 있는 특징적 변동을 보인다. 고생대 전반(약 5~4억 년 전)에는 현재의 이산화탄소 농도(산업혁명 이전의 시점 : 약 280ppm)의 약 20배 정도나 높은 농도였던 것이 고생대 후기(약 3억 년 전 전후)가 되면 현재와 거의 비슷한 수준까지 저하되었고, 그 후 중생대 중반(약 1억 년 전)이 되면 현재의 수 배~10배 정도까지 다시 증가했으며, 다시 신생대 후기에는 현재와 같은 낮은 농도로 저하되는 특징적인 변동을 보인다.

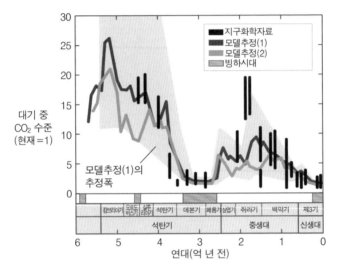

그림 3-5 현생대 동안 이산화탄소 농도 변동

현생대의 기후는 정말로 이 이산화탄소 농도 변동과 매우 조화롭게 변동하는 것으로 알려져 있다. 고생대 전반은 매우 온난한 환경이었지만 고생대 후반에는 대 빙하시대(곤드와나 빙하시대)가 급습했다. 그 후 중생대 후반인 백악기에는 다시 온난한 환경으로 바뀌었다. 그리고 신생대가 되면 지구는 한랭해져 현재로 이어지는 신생대 후기의 빙하기가 찾아온 것이다. 결국 이산화탄소 농도가 높은 시기는 온난한 시기로, 이산화탄소 농도가 낮은 시대는 한랭한 시기(빙하시대)였던 것이다. 이런 점에서도 우리는 이산화탄소와 기후가 밀접히 관련된다는 것을 추측할 수 있다.

사실은 이러한 이산화탄소 농도의 거동은 위에서 언급한 추정법이 확립되기 이전에 이미 탄소순환에 근거한 이론적인 모델에 의해서 추정되고 있었다(그림 3-5의 추정선). 그리고 이런 이론적 추정을 검증하기 위해 다양한 방법들이 개발되어 모델에 의한 추정의 옳고 그름을 밝혀냈다. 탄소순환 모델을 통해 추정이 가능했던 이유는 지질기록에 기초한 다양한 정보, 예를 들어, 화산 활동과 생물 활동의 변동 등에 관한 여러 가지 데이터를 모델의 경계조건으로 부여했기 때문이다. 이러한 점은 결국, 장기적으로 보았을 경우, 온난화나 한랭화의 원인이 화산 활동이나 생물 활동 등의 변동에 의한 것일 가능성을 강하게 지시하고 있다.

즉, 화산 활동이 활발하여 이산화탄소가 대량으로 방출되었던 고생대 전반과 중세대 후반은 온난한 시기였고, 화산 활동이 정체되어 있던 고생대 후반 및 신생대 후반은 한랭한 시기였다. 또한 고생대 후반에는 육상으로 식물이 진출하여 대 삼림시대[7]를 맞은 것으로 알려진다. 육상은 식생으로 덮이면 토양이 발달하고 이로 인해 풍화효율이 증가된다. 이러한 점이 탄소순환을 통해 기후 한랭화를 유도한 것으로 판단된다. 육상식물은 리그닌[8] 등 새로운 유기화합물을 만들어냈는데, 이렇게 분해되기 어려운 유기물이 대량으로 습지에 매몰되고 보존된 것도 이 시기 한랭화의 한 원인으로 판단된다.

한 가지 더 추가해서 언급하면, 현생대를 지나오면서 고(古) 해수 온도

---

7 대삼림시대 : 고생대 석탄기(약 3억 6,000만~약 3억 년 전), 임목(수풀) 등 20~30m 높이의 거대한 양치식물류가 대삼림을 형성하던 시대를 말한다. 대량의 석탄이 형성된 것은 물론, 대기 중 산소 농도가 35%(현재는 21%)에 달하고 있던 것으로 추정되고 있다.

8 리그닌 : 식물의 세포벽에 포함되는 분해되기 어려운 고분자 유기화합물로 목재 등 목화한 식물체 안에는 20~30% 정도 존재한다. 셀룰로오스(섬유소) 등과 결합하여 존재하며 세포 사이를 접착·고체화시켜 식물체를 유지한다.

변동은 이산화탄소 농도의 변동과는 일치하지 않는다는 주장이 있다. 해수의 산소동위원소비 등의 기록으로부터 복원된 고해수 온도의 변동에서는 약 1억 3,500만 년의 주기로 온난화와 한랭화를 반복하고 있던 것으로 추정된다. 고해수 온도 변동을 복원한 결과로 볼 수 있는 중생대 쥐라기 후반부터 백악기 전반에 걸친 한랭화(약 1억 5,000만 년 전)나 오르도비스기 후반의 빙하기(약 4억 6,000만 년 전)는 이산화탄소농도의 변동으로는 잘 설명할 수 없다고 여겨왔다. 따라서 이러한 장기적인 기후변동은 이산화탄소 농도의 변동에 의한 것이 아닌 다른 원인에 의한 게 아닌가 하는 의구심을 품게 했다.

여기서 다른 원인이라고 하는 것은 은하 우주선의 변동을 말한다(제5장 참조). 은하 우주선의 변동은 지구의 구름양을 변화시키고 그것이 지구의 알베도를 변화시킴으로써 기후변화가 일어난다. 은하 우주선의 주기적인 변동은 태양계가 은하계 안을 회전하는 주기에 따라 결정된다.

그러나 그 후 해수의 산소동원소비 데이터로부터 해수의 온도를 추정하는 방법에 잘못이 있었고 그 보정된 값을 고려하면, 해수의 온도 변화는 이산화탄소 농도 변화와 크게 모순되지 않게 나타난다. 따라서 이와 같은 장시간 규모에서도 역시 기후변화는 대기 중 이산화탄소 농도 변동에 의해 지배되었을 가능성이 높다는 게 점점 더 확실해지고 있다.

이와 같이, 100만 년 이상의 긴 시간 스케일에서는 대기와 해양의 이산화탄소의 총량을 바꿀 수 있는 화산 활동, 유기물의 생산과 분해, 대륙의 화학적 풍화 등 대기와 해양 그리고 고체지구와의 탄소 교환이 주요한 역할을 하고 있다. 수천만 년 이상의 시간 스케일에서는 맨틀대류나 플레이트(지각)의 운동과 관련되어 고체인 지구 활동이 크게 변동되기 때문에 그것이 그 스케일상에서 기후변화의 주요한 원인이 된다.

3.5 백악기의 온난화와 해양 무산소 이벤트 : 수백만 년 스케일로 변동

중생대 후반 백악기(약 1억 4,500만~6,500만 년 전)는 공룡이 번성했던 것으로 잘 알려져 있는데, 당시의 기후 역시 매우 온난했던 것으로도 알려진 시대다. 특히 약 1억 년 전 온난화 절정기에는 전 지구 평균기온이 현재보다 6~14℃ 정도 높았을 것으로 추정되고 있다. 해수 온도가 높고 해양의 대부분을 차지하는 심층수의 온도가 현재는 어느 곳에서나 2℃ 정도밖에 되지 않는 반면, 백악기에는 17℃나 되었을 것으로 추정된다. 그리고 극지방에서도 얼음이 형성되지 않았을 것으로 여겨진다. 과연 이러한 환경은 어떻게 만들어졌을까?

백악기의 온난한 환경은 예전부터 주목을 크게 받았다. 그리고 그 원인에 대해서도 대기 대순환 모델 등을 이용하는 등 다양한 연구가 이루어져 왔다. 백악기에 왜 온난화가 되었는지 그 원인에 대해 연구된 것들은 현재와는 다른 대륙 배치의 차이, 히말라야 산맥이나 로키 산맥 같은 대산맥이 아직 형성되지 않은 것, 극지방에도 얼음이 존재하지 않는 것, 그리고 대륙에 있었던 식생의 차이 등을 통해 논의되었다. 그러나 이런 것들을 전부 고려한다 하더라도 백악기의 온난화를 제대로 설명할 수 없다는 사실이 명확히 밝혀졌다. 여러 가지 논란 끝에, 현재는 당시 대기 중 이산화탄소 농도가 현재의 수 배~10배 정도 높았던 것이 백악기 온난화의 직접적인 원인이라고 여겨진다. 그렇다면 왜 하필 그 시기에 이산화탄소 농도가 상승했는지에 대한 해답은 당시 고체지구의 활동이 활발했던 것을 그 주된 원인으로 생각하고 있다. 당시 플레이트 (지각) 운동 속도는 지금의 두 배 가까이 되는 것으로 알려졌다. 결과적으로 당시에는 지각운동이 활발한 결과 화산 활동이 매우 활발했고, 이산화탄소가 대기 중으로 많이 배출되었다는 이야기다.

당시에는 지금은 일어나지 않는 유형의 초대형 화산 활동이 발생했다는 사실도 잘 알려져 있다. 그것은 '슈퍼플룸 활동'으로 불리는 것으로, 지구 심부에서 뜨거운 맨틀 물질이 상승해 지각을 뚫고 나가 대규모로 분화를 일으키는 현상이다. 이로 인해 대량의 용암이 분출된 결과 온통 자바(Ontong Java) 대지[9]와 같이 거대한 대지가 형성된 것이다.

이와 같은 거대한 분화는 우리가 알고 있는 화산 폭발과는 근본적으로 다르다. 다행히 우리는 이 정도의 화산 활동을 직접 당하지 않았지만 지구사에서는 반복적으로 일어났던 것이다. 백악기 동안에는 지구사적으로 보면 분명 화산 활동이 활발한 시기였다.

이렇게 온난한 시기는 '해양 무산소 이벤트(Ocean Anoxic Event, OAE)'라고 부르는 신기한 현상이 나타났다. 글자 그대로 바닷물에 용존하고 있는 산소 농도가 매우 저하된(거의 없어진) 하나의 대사건이다. 그 결과 해저에서 '흑색 셰일(black shale)'이라 부르는 검은 퇴적물이 형성되었다. 검게 보이는 것은 퇴적물 중 유기물 함량이 수 %로 상당히 높아서다. 유기물은 보통 대부분 산화되어 분해되겠지만 이 시기에는 산화되지 않고 대량으로 해저퇴적물 속에 저장된다. 이것은 해수 중 용존산소가 낮아졌기 때문이라 생각된다. 해수 중에 용존산소가 없으면, 그곳에 생

---

9   온통 자바 대지(Ontong Java Plateau) : 뉴기니 동쪽 해저에 위치한 거대한 고원. 면적이 알래스카와 거의 같은 크기고 일본의 5배 이상에 해당하는 200만km², 체적은 약 600만km²이다.

물이 살 수 없게 된다. 결과적으로 해저에 살고 있는 생물의 대량 전멸이 발생했다. 따라서 OAE는 직접적으로 생물의 대량 전멸(mass extinction)을 의미한다.

해양 무산소 이벤트는 지구사에서는 반복적으로 일어나는 것으로 알려져 있는데, 백악기 동안에만 5~6회나 생겼다. 현생대를 통해서는 오르도비스기 후기, 데본기 후기, 페름기와 삼엽기의 경계, 쥐라기 전기 등에서도 발생하고 있어서 보기에 따라서는 매우 보편적인 현상이라 할 수 있다. 또한 이 이벤트는 온난기 동안에 발생하는 경향을 알 수 있다.

해양 무산소 이벤트의 정확한 원인은 아직 밝혀지지 않았지만, 바닷물에 녹아 있는 산소가 줄어드는 것은 원리적으로는 바닷물에 대한 산소 공급이 줄었거나 소비가 늘어 났거나 또는 둘 다 모두 일어난 것으로 생각할 수 있다. 산소공급이 줄어든 이유는 일례로 온난화로 수온이 상승하면 산소의 용해도가 저하되어 결국 해수에 용해되기 어려운 점을 생각할 수 있다. 또한 해양 순환이 정체되어 있어 해양 심층부로 산소가 공급되지 않을 가능성도 있을 수 있다. 반면, 산소의 소비가 증가한 이유는 온난화로 인해 화학적 풍화에 의한 육지로부터 영양염(인산 등) 공급이 증가함으로써 해양표층의 생물생산이 증가하고, 해양중층(수심 수백 미터 부근)은 해양표층에서 침강해온 유기물의 산화분해가 이루어짐으로써 산소를 소비했기 때문이라고도 생각된다. 이들은 모두 온난화로 인해 발생되었을 가능성이 지적되고 있다. 따라서 온난기에 해양 무산소 이벤트가 생긴 것은 필연적일 수도 있다.

유기물은 이산화탄소가 고정된 것이므로, 대량의 유기물이 매몰되었다는 것은 대량의 이산화탄소가 대기에서 제거되었다는 것을 의미한다.

이것은 기후 한랭화의 중요한 요인이 될 수 있다. 만약 해양 무산소 이벤트가 생기지 않았다면 온난화는 더 진행되었을 것이다. 즉, 온난기에 해양 무산소 이벤트가 생기는 것은 그 이상의 온난화를 방지하는 효과가 있다고 말할 수 있다. 따라서 만약 해양 무산소 이벤트의 원인이 온난화 그 자체에 기인하고 있다고 한다면 이것은 지구 시스템이 함축한 마이너스 피드백 기구의 하나로 이해할 수 있을 것이다.

온난한 백악기에 가장 불가사의한 것은 극지방에서도 같은 현상을 보였다는 점이다. 현재의 지구에서는 적도와 극지방의 온도 차이는 41℃나 된다. 그러나 백악기는 17~26℃밖에 되지 않았던 것 같다. 실제로 당시 북극권과 남극권에도 파충류인 공룡이 서식했던 사실을 화석기록에서 확인할 수 있기 때문이다.

고위도 지역이 비정상적으로 따뜻해지는 것은 다른 시기의 온난기에서도 볼 수 있는 특징이다. 예를 들어, 지금으로부터 약 5,000만 년 전에도 백악기 중기와 비슷한 온난기로 알려져 있다. 이 시기의 극지방 지층에서는 온난한 기후였음을 보여주는 식물화석이 발견되었는데, 그것도 위도 50° 부근까지 열대 우림이 분포하고 있었다는 사실이다.

이런 극단적인 기후 상태는 현대 기상학이나 기후학 지식으로는 설명할 수 없다. 온난화가 진행되면 우리가 아직 잘 이해하지 못하는 물리적인 프로세스가 작용할 가능성이 있음을 지시한다고도 할 수 있다. 미래의 지구온난화를 정확하게 예측하려면 이렇게 과거에 일어났던 온난기에 대하여 명확하게 이해하는 것은 매우 중요하다. 이러한 이유로 인해서 지금은 과거의 기후변화에 대한 문제를 이해하는 것은 고기후학자들 사이에서 크게 주목을 끌고 있다.

4.
최근 백만 년 스케일의 기후변동

4. 최근 백만 년 스케일의 기후변동

4.1 수만~수십만 년 스케일의 변동

지질학적으로 현재는 신생대 '제4기'로 불리는 시대이고, 앞장에서 언급했듯이, 빙하시대로도 분류된다. 현재를 따뜻한 온난한 시기(온난기)로 생각했던 사람들도 있을지 모르나, 지구사적으로는 오히려 한랭한 시대로 분류된다. 다만 현재는 빙하시대 중에서도 온난 모드인 '간빙기'에 해당한다. 그 반대는 한랭 모드인 '빙기'라고 부른다. 따라서 '빙하기'라고 하는 게 가장 알기 쉬울 것이다.

지금으로부터 불과 1만 년 전까지만 하더라도 빙기였다. 약 1만 년 전부터 현재까지의 시대를 '후빙기' 또는 '홀로세'로 명명한다. 그래서 1만 년 이전인 약 7만 년 전부터 약 1만 년 전까지의 빙기를 '최종 빙기'라고 한다. 최종 빙기 중에서도 한랭이 최고조에 달했던 피크는 약 1만 8,000년 전이며, 이 시대를 일컬어 '마지막 최대 빙하기(the Last Glacial Maximum, LGM)'라고 부르고 있다.

빙기와 간빙기는 약 10만 년 주기로 반복된다. 이러한 사실은 해저퇴적물에 포함되어 있는 유공충이라는 생물 껍데기에 포함되어 있는 산소 동위원소 분석 결과를 통해 밝혀졌다. 유공충 껍데기는 탄산칼슘으로 되어 있다. 산소동위원소 비율은 유공충이 살았던 시대의 바닷물 산소 동위원소 비율을 반영한다. 바닷물의 산소동위원소 비율은 본래 변하지 않지만 일부 바닷물이 증발함에 따라 눈으로 변하거나 육지에서 쌓이는 과정을 통해 서서히 산소동위원소 비율이 바뀌는 것을 알 수 있다.

산소에는 원자량이 다른 안정동위원소[1]가 산소 16, 산소 17, 산소 18, 이렇게 3종류가 있다. 이 가운데 99% 이상은 산소 16이다. 물이 증발할 때는 무거운 산소동위원소가 포함된 물보다 가벼운 산소동위원소를 포함한 물이 증발하기 쉽다.[2] 때문에 대륙의 내륙부에 쌓인 눈의 산소동위원소는 매우 가벼운 성분으로 이루어진다.[3] 증발이 진행되면 바닷물에는 무거운 산소동위원소가 남겨진다. 이렇게 동위원소비의 분별이 일어나기 때문에, 결국 바닷물의 산소동위원소 비율이 무겁다는 것은 곧 대륙에서 빙상이 발달하고 있다는 뜻이다.

그림 4-1은 남극 빙상을 굴삭하여 얻어낸 얼음 시료(아이스코어)를 분석한 결과로서, 지난 80만 년에 걸친 기후변화에 대한 기록을 보여준다. 자세히 살펴보면 분명히 약 10만 년 주기로 기후변화가 반복되었음

---

1   안정동위원소 : 동위원소는 원자번호는 같으나 분자량이 다른 것을 의미한다. 따라서 본문에 있는 산소 16, 17, 18은 원자번호는 같지만, 분자량으로는 산소 16이 제일 가볍다. 안정동위원소는 스스로 방사성 붕괴를 하지 않는 동위원소이다. 물 분자의 증발은 온도의 영향을 받는다. 따라서 바닷물의 산소동위원소 비율이 변화한다는 것은 바닷물의 수온과 빙상의 양 또는 양쪽 모두의 정보를 갖게 되는데 산소동위원소 비가 변화하는 것은 대부분 빙상의 발달과 후퇴를 반영한 것임을 알 수 있다.
2   해수가 증발하면 상대적으로 산소 16이 많이 증발하기 때문에 산소 16에 대한 산소 18의 비가 달라진다. (역자 주)
3   대신 바다에서 해수가 증발할 때는 가벼운 산소인 산소 16이 우선적으로 증발되고, 바닷물 속에는 상대적으로 무거운 산소 18이 많이 남게 된다. 즉, 무거워진다. (역자 주)

을 알 수 있다. 한랭해진 시기가 빙기이고 그 반대는 간빙기다. 또한 이렇게 반복되는 그래프의 형태는 비대칭이며, 빙상이 발달할 때는 서서히 진행되고 융해될 때는 급격하게 진행된다는 것도 알 수 있다.

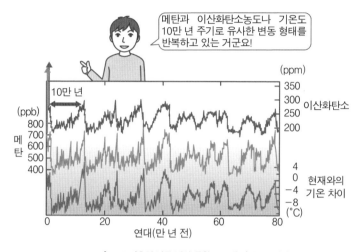

[EPICA(유럽 남극 빙상 굴착 프로젝트) 돔 C 빙상 코어에서 얻은 데이터]

그림 4-1 지난 80만 년 동안 빙기·간빙기 사이클

그렇다면 빙기와 간빙기는 왜 주기적으로 반복되는 것일까? 사실 이 규칙적인 빙기·간빙기 사이클은 지구의 궤도요소4라는 천체역학적인 변동에 의해 발생하고 있다고 생각된다. 이런 주장은 제안자인 세르비아의 지구물리학자 밀틴 밀란코비치의 이름을 따서 '밀란코비치 가설'이라 하고, 여기서의 주기적인 변동을 일컬어 '밀란코비치 사이클'이라 한다.

---

4 궤도 요소 : 천체의 운동을 규정하는 변수(파라미터)를 말하며 궤도장반경, 궤도 이심률(궤도경사각) 등을 말한다.

4.2 지구의 궤도 요소 변화가 기후를 바꾼다

　지구는 태양의 주위를 공전하고 있지만 완전히 둥근 원 궤도가 약간 일그러진 타원형 궤도로 공전하고 있다(그림 4-2). 이 일그러진 궤도는 지구가 태양계에서 유일하다. 그런데 실제로는 목성 등 중력의 영향을 받기 때문에 약간의 차이가 생긴다. 그 이심률[5]은 0에서 0.07 사이에 약 10만 년의 주기로 변화하고 있다. 참고로 현재 값은 0.0167이다. 타원 궤도에서는 태양과 지구의 거리가 계절과 함께 변화하므로 이심률이 클수록 지구가 받는 태양방사의 계절 변화가 커지게 된다.

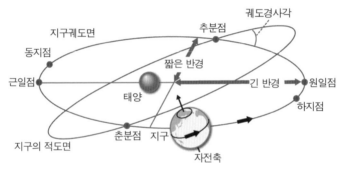

그림 4-2 행성의 궤도 요소

　또한 궤도면에서 수직방향으로 기준을 잡고 있는 지구의 자전축 기울기는 현재 약 23.45°다. 이 자전축 역시 주기적으로 변동하는 것으로 알려져 있는데, 약 4만 년 주기로 22.1°에서 24.5° 사이를 움직이고 있다. 자전축의 기울기가 커지면 그 커진 만큼 일사량의 계절 변화가 커지게

5　이심률 : 원궤도로부터 차이를 나타내는 지표를 말한다. (역자 주)

된다. 즉, 여름은 더욱 더워지고 겨울은 더욱 추워진다는 것이다. 각 위도에 있어서 연간 받아들이는 일사량이나 그 계절적 변화의 방식도 바뀌게 된다.

게다가 지구의 자전축 방향은 원을 그리듯 변화한다. 이는 팽이를 돌렸을 때 그 회전축이 팽그르르 도는 것과 같은 현상으로 '세차운동'이라고 한다. 세차운동 주기는 1만 9,000년, 2만 2,000년, 2만 4,000년 세 가지가 있다. 이 운동 때문에 타원궤도의 어느 위치에서 하지나 동지를 맞이하는지가 변한다. 즉, 세차운동에 따라 계절의 타이밍이 조금씩 달라진다는 이야기다. 예를 들어, 자전축의 방향이 반대가 되면 그때까지 여름이었던 시기가 겨울이 되는 것이다.

이렇게 다양한 궤도요소들을 조합하면 지구가 받는 일사량의 위도 분포와 계절변화가 영향을 받는 것이다. 예를 들어, 태양에 가장 가까워지는 타이밍이 북반구의 여름이 되면 북반구는 '뜨거운 여름'과 '추운 겨울'이라는 조합이 되어 계절 콘트라스트(대조)가 커진다. 반대로 태양으로부터 가장 멀어지는 타이밍이 북반구의 여름이 되면 북반구는 '시원한 여름'과 '따뜻한 겨울'이라는 조합이 생겨난다. 이런 차이는 빙상의 발달을 생각할 때 매우 중요하다.

빙상은 겨울에 눈이 많이 와서 발달하는 것이 아니다. 겨울에 내린 눈이 여름에도 완전히 녹지 않고 남아 있기 때문에 발달된다. 이런 현상이 생기는 데는 시원한 여름이 중요한 조건으로 작용할 수 있다. 따라서 이렇게 계절 콘트라스트(대조)가 변화하는 것은 빙상의 성장과 후퇴에 결정적인 영향을 미치는 조건이라고 할 수 있다.

그렇지만 꼭 그렇다고 생각되는 것만은 아니다. 북반구에선 그렇다고 해도 남반구는 완전히 반대라고 생각할 수도 있지 않겠는가?라고 생각할 수도 있는 것이다. 만약 지구가 남북 대칭이라면 분명 그렇다. 그런데 현재 지구는 남북 간에 비대칭이다. 이건 대륙의 분포를 생각하면 금방 알 수 있다. 대륙이 차지하는 면적의 비율은 북반구에서는 약 40%인 반면 남반구에서는 약 30%다. 또한 남극은 남극대륙으로 덮여 있지만, 북극은 북극해로 덮여 있다. 물과 암석은 비열이 크게 다르고 얼음의 성장 방법도 크게 달라진다. 이러한 특징 등을 생각하면 일사량이 계절에 따라 변화함에 따라 남극과 북극이라는 두 반구에서 서로 다른 영향이 나타나는 것은 필연적이라 할 수 있다.

그런데 시간과 함께 변화하는 정도에 대한 주기성을 조사하는 방법에는 주기해석 혹은 스펙트럴(spectral analysis) 해석이라는 것이 있다. 이 방법을 사용해서 궤도요소의 변화로부터 생기는 북반구 고위도(북위 65°)에서 일사량 변화의 주기성을 살펴보면 약 2만 년, 약 4만 년, 약 10만 년이라는 명료한 주기가 나타난다. 사실 이러한 변화의 주기성은 빙기·간빙기 사이클이 나타내는 특징적인 주기와 모두 일치한다. 빙기와 간빙기의 기후변동에는 약 10만 년의 주기뿐만 아니라 약 4만 년과 약 2만 년의 특징적인 주기성도 존재하고 있는 것으로 알려져 있다.

따라서 궤도요소의 변동에 기인한 일사량 변동이 빙기·간빙기 사이클의 원인인 것은 분명 틀림없으리라 생각된다.

4.3 빙기·간빙기의 10만 년 주기 미스터리

지구 궤도요소의 변화가 빙기와 간빙기 사이클의 원인인 점은 틀림없으나 이것만으로는 완전히 10만 년 주기를 설명하기 어렵다. 빙기·간빙기 사이클에 특징적인 2만 년 주기와 4만 년 주기는 그렇다 하더라도 실은 더 뚜렷하게 나타나는 10만 년 주기에 대응되는 일사량 변화가 너무나 작다. 좀 더 구체적으로는 설명하면, 공전궤도의 이심율이 0.07로 변화해도 연간 받는 일사량 전부는 0.2% 정도밖에 변하지 않는다는 이야기다. 이것만으로 빙기·간빙기 사이클의 변동을 설명하기 어렵다. 따라서 10만 년 주기의 변동으로 증폭시킬 수 있는 어떤 구동력이 다른 곳에 존재할 수 있는 것이다.

아마도 그 구동력은 고체지구의 반응이 아닐까 판단된다. 빙상이 성장하면 빙상 무게로 인해 대륙의 기반암[6]은 천천히 가라앉는다. 이것은 지구 내부의 맨틀이 유동하는 성질을 지닌 까닭이다. 이렇게 느린 응답이 10만 년 주기를 증폭시키고 있다고 보인다. 얼음의 양이 적으면 이런 영향도 작을 것이다.

실제로 10만 년 주기가 두드러지게 보이는 것은 지금으로부터 100만 년 전 이후이다. 그 이전에는 4만 년 주기가 탁월한 것으로 알려졌다(그림 4-3). 이러한 사실은 빙상이 크게 성장하자 기반암의 응답 메커니즘과 연계되어 10만 년 주기가 증폭되게 될 가능성을 보였기 때문으로 해석된다. 그러나 수치 모델(시뮬레이션) 결과에 의하면 이것만으로는 10만 년 주기에 대한 설명이 아직은 충분하지 않다. 따라서 더욱더 변동을 증폭시킬 수 있는 어떤 구동력이 필요하다.

---

6   기반암 : 대륙 지각의 기반을 이루는 것으로 오랜 지질시대 동안에 형성된 변성암이나 화성암을 말한다.

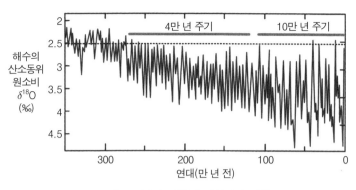

그림 4-3 빙기·간빙기 사이클의 변화

추론되는 또 다른 구동력으로는 대기 중 이산화탄소 농도나 메탄 농도가 10만 년 주기로 변화하고 있다는 점이다. 그림 4-1을 다시 한번 보면, 대기 중 이산화탄소나 메탄의 농도 변화와 온도 변화는 매우 밀접하게 비슷한 형태로 변화하고 있음을 알 수 있다(높은 상관관계). 이들 온실가스 농도는 아이스코어(ice core)에 포획된 기포로부터, 기체를 추출하여 분석한 결과 얻은 값이다. 예를 들어, 빙기와 간빙기에 대응해 이산화탄소 농도는 약 180ppm에서 약 280ppm 사이로 변동하고 있다.

빙상의 성장과 기반암의 응답 메커니즘에 더해서 지금 언급한 이산화탄소의 농도 변화 효과까지 고려하면 뚜렷하게 나타나는 10만 년 주기에 대해 보다 잘 설명할 수 있다. 따라서 여기에서도 이산화탄소 농도와 기후 간의 밀접한 관계를 쉽게 알 수 있다.

그런데 왜 이들 기체 농도가 빙기·간빙기 사이클과 같이 시기적으로 변화하고 있는가에 대해서는 명확히 알려지지 않았다. 다만 이것이 해양 순환이나 해양 표층에서 일어나는 플랑크톤의 활동 등 탄소순환 시스템의 변동이 밀접하게 관계되고 있다고 판단된다. 예를 들어, 지금으로부터 약 2만 년 전에 해양순환이 현재보다 약해진 점이나, 최소한 해역에 따라서는 생물생산성이 높아진 점은 이와 같은 변화의 원인이 되었을 수도 있다는 것이다. 이와 같은 이유들로 인해 대기 중 이산화탄소가 해양심층수나 해저 퇴적물로 분배(이동)되었을 가능성이 높다. 또 다른 한편에서는 육상에 있는 식생 변화에 따라 현재보다 토양 중의 탄소가 650GT 정도 적은 것으로 추정되고 있다. 그것이 어디에 배분되었는지에 대한 설명도 좀 더 필요하다. 우리가 과학적 자료로 확인되어야 할 이산화탄소량의 변동량은 겉으로만 봐도 확인되는 변동량보다 훨씬 더 많다.

그런데 '기후변화'와 '온실가스 농도 변화' 중 어느 쪽이 먼저인지에 대한 의문은 자주 등장한다. 빙기·간빙기 사이클에 대해서는 양쪽 주장 모두 가능하다. 아이스코어 기록에는 시간 해상도(분해능)가 충분하지 않아 기후와 온실가스 중 어느 쪽이 먼저 변화했는지를 엄밀하게 구별하기 어렵다. 그러나 최근의 경우를 보면 기후변화가 먼저 일어났을 가능성이 크다고 여겨진다. 온난화의 결과 대기 중 이산화탄소나 메탄의 농도가 증가했기 때문이다.

이것은 크게 이상한 일이 아니다. 기후 시스템이나 탄소순환 시스템에는 여러 가지 정(플러스)의 피드백 기구가 내재되어 있어 기후변화를 증폭시키는 구동력이 있다 하더라도 아무런 문제가 없다. 예를 들어, 온난화되어 해수의 온도가 높아지면 이산화탄소의 용해도가 떨어지기 때문에 이때까지 해수에 녹을 수 있었던 이산화탄소가 다 녹지 않은 상태로 대기에 방출된다. 또는 온난화로 영구동토가 녹아 메탄이 방출된다. 이와 같은 프로세스는 충분히 일어날 수 있다.

중요한 것은 온실가스 변동이 일어남에 따라 그것이 기후변화의 원인이 됐든 아니면 오히려 그 결과였든 여하튼 '기후변화가 증폭된다'는 점이다. 대기 중 이산화탄소 농도를 지배하는 탄소순환 시스템에는 그런 이산화탄소 거동 특성이 있다. 빙기·간빙기 사이클의 경우, 기후변화의 계기 그 자체는 아마도 밀란코비치 사이클에 따른 일사량 변동일 것이다. 이렇게 과거에 비교적 짧은 시간 스케일로 일어난 기후변동에 관한 사례를 이해하는 것은 기후 시스템이나 탄소순환 시스템에 대한 거동을 규명하는 것과 직결되는 아주 중요한 과제가 아닐 수 없다.

4.4 5,500만 년 전에 일어난 갑작스러운 온난화 : 수천 년 스케일 변동

지금부터 약 5,000만 년 전인 신생대 '에오신'이라고 불리는 시기에도, 3장에서도 언급한 백악기와 같은 온난기로 널리 알려져 있다. 이 온난화 피크의 조금 전인 약 5,500만 년 전에도 갑작스럽게 급격한 온난화가 일어났다고 알려지고 있다. '효신세/시신세 경계 온난극대' 또는 영어(Paleocene-Eocene Thermal Maximum)의 머리글자로 'PETM'이라 부르는 이벤트다. 이 이벤트의 특징은 수천~1만 년이라는 지질학적으로 보면 순식간에 바닷물 중에 존재하고 있는 이산화탄소의 탄소동위원소비가 크게 저하해(가벼운 탄소동위원소비가 눈에 띄게 풍부해짐), 이에 따라 급격한 온난화와 해저에 사는 생물들의 대멸종이 발생했다.

해양에는 대기에 있는 이산화탄소의 50배 이상의 용존(녹아)된 이산화탄소가 있어서, 일반적인 경우라면 해양 중 동위원소비율을 크게 저하시키는 데는 수십만 년 스케일의 시간이 필요할 것이다. 그런데 이

해수 중의 용존 이산화탄소가 수천 년 동안 현저하게 변화했다는 것은 평소와는 다른 무언가가 극히 비정상적인 사태를 일으켰다고 생각할 수 있는 것이다.

가장 단순하게 추측할 수 있는 것은 본래 '탄소동위원소비가 작은 물질들이 대기와 해양에 대량으로 유입되었다'는 것을 추측해볼 수 있다. 이러한 이상상황을 전제로 생각할 수 있는 가능성은 '화산가스의 대량 방출', '유기물의 대량 분해', '메탄 하이드레이트의 대량 분해' 등 3가지 정도가 된다. 이 중에서 동위원소비율이 가장 작은 것은 메탄 하이드레이트이다. 그리고 해양 중 동위원소비율을 낮추는 데 가장 작은 양으로 가능한 것은 메탄 하이드레이트의 분해(해리)다. 즉, 메탄 하이드레이트의 분해로 해양 중 탄소동위원소 비율을 짧은 시간 내에 효과적으로 낮출 가능성이 가장 높은 것이다.

메탄 하이드레이트(Methane Hydrate)는 메탄을 포함하고 있는 얼음인데, 더 정확하게 말하면 물 분자가 만드는 바구니 형태의 구조 속에 메탄 분자를 내포한 것이다. 메탄 하이드레이트에 불을 붙이면 일반적인 고체연료와 같이 타는 것으로부터 '불타는 얼음'으로 잘 알려져 있고, 주로 해저 퇴적물이나 육상 영구동토층 등에 존재한다. 대륙붕이 있는 지역이나 일본 주변, 우리나라의 동해 퇴적물에도 발견되고 있으며 세계 각처에서 조사가 진행되고 있다. 국내에서도 메탄 하이드레이트를 미래의 에너지 자원으로 간주하고 매장된 자원으로 간주하고 조사 등 기본적인 연구를 꾸준히 하고 있다.

대부분의 경우, 메탄 하이드레이트 중의 메탄은 생물이 만든 것이다. 해저퇴적물 중의 '메탄 생성균'에는 메탄을 만드는 박테리아가 많이 서식하고 있는데, 유기물이 분해될 때 만들어지는 수소와 이산화탄소로부터 메탄을 생성할 때의 에너지를 이용해 활동하고 있다. 이때 생성되는 메탄의 탄소동위원소비율은 극히 작은 값이 된다고 알려져 있다. 따라서 메탄 하이드레이트가 대량으로 분해되면 아주 작은 탄소동위원소비율을 가진 메탄이 방출되어 대기와 해양의 탄소동위원소비율을 낮추게 된다.

메탄은 매우 강한 온실효과를 갖고 있다. 그러나 태양 자외선에 의해서 수증기로부터 생성되는 OH라디칼이 메탄을 산화하려면 수년 정도의 시간 스케일로 이산화탄소로 변화하고 만다. 따라서 실제 온난화는 이산화탄소의 온실효과에 의한 것으로 생각되지만 어느 정도의 양이 온실효과로 작용하는지에 관해서는 지금도 다양하게 논의되고 있다.

대규모로 메탄 하이드레이트의 분해가 일어난 이유는 온난화로 인해 해수온도가 상승한 결과이다. 즉, 메탄 하이드레이트는 일정한 압력과 온도 조건에서 안정한 상태로 유지되는데, 수온이 올라가면 압력은 낮아지고 메탄 하이드레이트가 안정적으로 존재할 수 있는 조건을 유지할 수 없게 되면서 열역학적으로 불안정해지고 결국 해리(분해)된다. PETM이 생긴 약 5,500만 년 전의 지구는 온난화가 절정(약 5,000만 년 전)에 이르는 길을 걷고 있었다. 따라서 강력한 온실가스 역할을 하는 메탄 하이드레이트가 대량으로 방출됨으로써 PETM을 가져오지 않았는가 하는 의구심이 든다.

예를 들어 화산 활동에 따른 마그마 관입7 혹은 해저 산사태에 의해서

---

7   마그마 관입 : 지층이나 퇴적물, 암석의 균열 등에 마그마가 흘러들어간 것. 그 열로 주위의 암석을 가열해 변질시킨다.

압력이 급격히 떨어지면 역시 메탄 하이드레이트의 안정영역이 불안정해지고 메탄방출이 일어날 수 있다는 등 그 밖에도 여러 가능성이 점쳐지고 있어 실체적 원인에 관해서는 아직도 다방면에 걸친 연구가 진행 중이다.

여하튼 이러한 이벤트가 정말로 메탄 하이드레이트 분해(해리)로 생긴 것이라면 언제 이와 같은 일이 발생해도 전혀 이상하지 않다. 특히 급격한 온난화가 진행되는 작금의 지구에서 이러한 현상이 발생할 가능성에 대해서는 진지하게 검토할 필요가 있다. 일단, 메탄 하이드레이트가 대규모로 분해하면 그 영향은 지극히 짧은 시간 스케일(아마는 수개월~수년)로 지구 전체에 이르게 될 것이다. 약 5,500만 년 전이라는 먼 과거에 발생한 사건이지만 갑작스럽고 급격하게 발생한 온난화 이벤트로서 PETM과 현대의 지구온난화와의 유사성에 전 세계의 이목이 집중되고 있다.

4.5 단스가드 오슈거 이벤트 : 몇 년~수십 년 스케일 변동

이번 장에서 설명한 신세대 제4기의 빙기·간빙기 사이클은 빙기와 간빙기라는 두 가지 기후 모드가 약 10만 년 주기로 반복된다는 것을 두고 한 말이다. 그러나 실제 변동은 그렇게 단순하지 않았다는 사실이 분명해졌다.

그림 4-4는 그린란드의 아이스코어에서 얻어진 과거 20만 년 동안의 산소동위원소비 기록과 그중 과거 8만 년에 해당하는 기록을 자세히 확대한 것이다. 매우 높은 시간 해상도로 조사함으로써 최종 빙기의

모습을 자세하게 알 수 있게 되었다. 이 그림을 자세히 보면 최종 빙기 동안 갑작스럽고 급격한 기후변화가 25차례나 반복적으로 발생했다는 것을 볼 수 있다. 이것은 '단스가드 오슈거 이벤트(D-O event)'라고 불리며 약 1,500년 정도의 준 주기성이 있는 것으로 생각되고 있다.

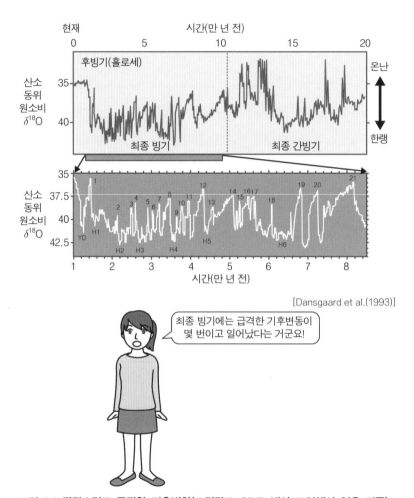

[Dansgaard et al.(1993)]

그림 4-4 갑작스럽고 급격한 기후변화(그린란드 GRIP 빙상 코어에서 얻은 기록)

이러한 사실은 아이스코어가 회수된 그린란드의 굴착 지점에서는 불과 몇 년에서 십수 년 사이에 기온이 10℃ 이상 급격하게 상승하는 온난화, 수백 년 이상 걸친 완만하게 진행되는 한랭화가 존재했다는 것을 주지시킨다. 이와 같은 급격한 온난화는 이것이 비록 과거의 이야기라 하더라도 현재 일어나고 있는 지구온난화의 시간 스케일을 웃도는 급격한 변화라는 점에서 우리가 예의 주목해야 할 현상이다.

그린란드에서 볼 수 있었던 이와 같은 온난화의 기록은 북대서양 주변에서 명확하게 보일 뿐만 아니라 북반구 전체에 그 영향을 미치고 있다. 다만 그것은 반드시 온난화로 나타나는 것이 아니라 강수량이나 해양에서 생물생산성의 변화 등으로 나타날 수 있다. 더욱이 남극에서는 그린란드와는 반대의 변동이 있는 것으로 나타났다. 즉, 그린란드에서 한랭화가 절정일 때 남극에서는 온난화가 발생했던 것이다. 이런 점 때문에 아무래도 이러한 변동 양상은 기후 시스템 내부에서 '남북반구 간 열 분배'가 변동되어 일어난 것이 아니냐는 해석까지 나왔다.

남북 간 열의 분배란 어떤 것인지 현재의 지구상황에 맞추어서 생각해 보자. 현재는 그린란드 앞바다에서 저온이며 고염분인 해수(해수의 밀도가 높아진다)가 침강하게 되어 북대서양 심층수가 형성되고, 이것이 대서양 심층을 따라 남하하게 되고 남극 부근에서 인도양이나 태평양으로 퍼져간다. 해양 표층에서는 이것을 보완하는 것처럼 멕시코 만의 따뜻한 물이 북상하고 북대서양 해류라는 난류가 되어 유럽 서부로 흘러간다.[8] 이 결과 대서양에서는 저위도의 열이 북쪽으로 효과적으로

---

8   이러한 범 지구적 해류의 흐름을 심층 대순환이라고 한다. (역자 주)

운반되고 있다.

실제로 유럽은 한국이나 일본 등에 비하면 훨씬 위도가 높은데도 이런 이유로 인해 온난한 기후가 유지되고 있다. 예를 들어 도쿄는 북위 35° 40분에 위치하지만 파리나 런던은 북위 약 50°에 있다. 일본 부근으로 말하면 사할린 섬 중앙부의 위도에 위치한다. 그런데 북대서양 심층수 형성이 정지해버리면 열이 북쪽으로 이동되기 어려워질 것이다. 이러한 점을 생각하면 그린란드와 남극의 기후변화가 서로 반대 현상을 나타내는 이유를 이해할 수 있다.

이 구조는 '바이폴라 시소(Bipolar seesaw)'라고 불리고 있다. 지금까지의 다양한 연구에서 북대서양 심층수의 형성이 강해지거나 또는 약해지거나 하는 움직임이 알려지고 있는데, 이로 인해 남북 간의 열 분배(교환)의 변화를 동반하는 갑작스럽고 급격한 기후변동이 생긴다고 알려지고 있다.

4.6 영거 드라이아스 : 몇 년~수십 년 스케일 변동

지금으로부터 1만 2,900년 전에 급격한 한랭화 이벤트가 일어났다. '영거 드라이아스(Younger Dryas)'라고 부른다. 시기적으로 최종 빙기가 끝나고 현재의 간빙기(후빙기 또는 홀로세라고 부른다)로 향해서 온난화가 진행되던 도중에 우연히 그에 역행하듯 추위가 돌아온 것이다. 이 시기에는 북반구의 극지나 고산지대와 같은 한랭지에서 자라는 Dryas octopetala(조팝나무)라는 식물의 꽃가루가 증가했다는 데서 이 명칭이 지어졌다. 영거 드라이아스의 한랭화는 약 1만 2,900~1만 1,500년 전에 걸쳐서 주로 북반구에서 발생했다. 이 현상도 앞의 절에서 언급한 대서양에서 해양심층수 형성이 변화된 것에 인해 생긴 것으로 보인다.

마지막 빙기가 끝나면서 '로렌타이드 빙상'으로 불리는 북미 대륙을 덮고 있던 거대한 빙상이 녹기 시작했다. 이 과정에서 '애거시 호수(Agassiz Lake)'라 부르는 거대한 빙하 호수[9]가 형성되었다. 그런데 이 호수의 둑이 붕괴되면서 현재의 오대호를 합친 것보다 규모가 더 컸다는 애거시 호수의 물이 미시시피강을 지나 멕시코만으로 흘러 들어갔다.

그런데 로렌타이드 빙상의 후퇴로 인해 생긴 대량의 담수가 갑자기 세인트로렌스강을 경유해 북대서양으로 흘러들었다. 이로 인해 염분을 포함하지 않는 밀도가 가벼운 담수가 북대서양 표면을 덮게 된 것이다. 그 때문에 그린란드 앞바다에서의 해수가 가라앉지 않게 되었다(해수보다 밀도가 낮기 때문에 북대서양의 추위에 무관하게 침강하지 못한다). 그 결과 조금 전 설명한 북대서양의 고위도와 저위도 간 열 수송 효율이 떨어졌고, 결국 온난한 해류의 북상이 어려워진 결과로 유럽은 한랭한 기후로 되돌아갔다는 것이다. 이 변화는 수십 년, 아니면 그 이하라는 짧은 시간 스케일로 생긴 것으로 판단된다.

본래 최종 빙기 동안에는 북대서양에서 심층수의 형성이 약해져 있던 것으로 알려져 있다. 이렇게 북대서양 심층수의 형성은 기후 형성에 매우 중요한 역할을 하고 있다. 이와 같이 북대서양의 심층수 형성과 관련된 예만 보더라도 기후변동을 이해하기 위해서는 대기뿐만 아니라 해양과 빙상을 포함한 기후 시스템 전체의 움직임까지 이해하는 것이

---

9   빙하 호수 : 빙상의 녹은 물이 고여 생기는 천연 댐.

얼마나 중요한지를 알 수 있다.

4.7 하인리히 이벤트

북대서양의 북쪽지역에서는 해저 퇴적물 중에 최종 빙기 동안에 드롭스톤(drop-stone)이 대량으로 나타나는 시기가 반복된다. 이는 북미 대륙을 덮고 있던 로렌타이드 빙상의 붕괴가 반복적으로 일어난 탓이다. 빙상이 붕괴하면 대륙에 분포하고 있던 빙산에 파묻혀 있던 바위조각들을 해저에 떨어뜨렸을 것으로 추측된다. 이 이벤트는 하인리히 이벤트로 불리며 약 7,000년의 주기로 반복하고 있다(그림 4-4 참조).

빙상이 성장하면 그 무게로 기반암이 가라앉는다고 이번 장 4-3절에서 설명한 바 있다. 그래서 얼음이 두꺼워지면 지열 때문에 점차 빙상 밑 부분의 온도가 상승한다. 온도가 계속 상승하면, 드디어 얼음의 융점을 넘게 되고 빙상은 미끄러지기 쉬워져 대규모로 빙상의 붕괴가 생긴다. 이렇게 빙상의 성장에 따른 자율적인 변동이 생기는데, 이런 원인으로 하인리히 이벤트도 덩달아 생기는 것으로 판단된다. 또한 하인리히 인벤트 직후에는 앞서 설명한 단스가드 오슈거 이벤트가 생기는 일도 있는데, 이 둘은 상호 깊은 관계가 있으리라 추측되고 있다.

이러한 이벤트는 모두 '갑자기' 그리고 '급격하게' 생긴다는 특징을 갖고 있다. 이렇게 두 가지 특징을 통해서도 알 수 있듯이 지구 기후 시스템에는 복수의 기후 상태(기후 모드)가 존재하고, 어떤 한 가지 기후 모드에서 다른 기후 모드로의 '갑작스럽고 급격하게' 변화하는 것이 아닌가 하는 가능성도 생각할 수 있다. 여기에는 어떤 '임계조건'이 존재할 것으로 판단된다.

이와 같은 이벤트에 대해 더 자세히 알려고 한다면, 현재의 지구만을 바라보고 있으면 결코 알 수 없다. 과거에 지구에서 벌어진 일을 조사하고 이해할 필요가 있는 것은 바로 이런 이유 때문이다. 과거에 발생한 다양한 기후변동 사례를 자세히 조사함으로써 지구 시스템의 특성 및 거동에 관한 이해가 한층 깊어질 것으로 기대되기 때문이다. 특히 만약 아주 짧은 시간 스케일로 생기는 현상이 가까운 장래에도 일어났다면 우리들의 인생 시간 스케일로 봐서도 결코 무시할 수 없기 때문이다. 따라서 기후변화와 관련된 이벤트의 실태나 그것이 생기는 조건을 이해하는 것은 매우 중요하다.

4.8 1만 년 전부터 현대까지

신생대 제 4기의 홀로세(과거 약 1만 년간)는 놀랄 만큼 안정된 기후 상태가 유지되어 온 것 같다(자세한 내용은 다음 절에서 설명한다). 다만 이것은 홀로세 이전(약 1만 년부터 그 이전)과 비교했을 때의 경우이고, 바로 그 1만 년간에는 아무런 변동이 없었다는 이야기는 아니다.

그런 변화 중 널리 알려진 것은 약 9,000~5,000년 사이의 '홀로세 기후 온난기' 또는 '고온기(hypsithermal age)'로 부르는 것이다. 이 시기에는 고위도에서는 현재보다 현저하게 온난화가 진행된 것으로 알려졌지만 중위도나 저위도에서는 그다지 큰 차이는 없었던 것 같다.

온난화의 원인은 지구의 궤도요소에 의한 것으로 알려져 있다. 이 시기에는 자전축의 기울기가 24°로 북반구의 여름에는 태양과 가장 가까운 거리에 있었다(현재 자전축의 기울기는 23.45°로 북반구의 겨울에 태양과 가장 가깝다). 이 때문에 북반구의 하지에 고위도 지역의 일사량은 현재보다 8%나 높았던 것이 된다. 일본에서는 '죠몬 해진(縄文海進)'[10]이라고 부르는 시기에 해당하는 것으로서, 당시 해수면도 지금보다 2~3m나 높았다. '녹색 사하라(Green Sahara)'[11]로 부르는 온난한 습윤 기후도 바로 이 시기에 해당된다.

그 후 다시 '중세 온난기'로서 알려진 온난화가 10~14세기에 걸쳐 생겨났다(그림 4-5). 이 시기 유럽에서는 십자군 원정이나 바이킹족이 그린란드를 개척하는 등 역사적으로도 북쪽으로 영토를 활발히 확장하는 시기였다. 하지만 이 시기의 온난화가 전 세계적인 것이었는지에 대해서는 이견이 없지 않다.

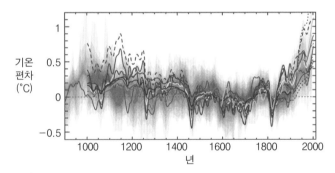

[IPCC 4차 보고서(2007)]

그림 4-5 지난 1300년간의 기후변화(그림 속의 곡선은 다양한 연구를 통해 복원된 기온변화 데이터 세트를 의미)

---

10 죠몬 해진 : 약 6,000년 전의 죠몬시대 전기에서는 해수면이 지금보다 2~3m 높아진다.
11 녹색 사하라 : 약 8,800년 전의 사하라 사막은 습한 기후였다.

그 후 잇달아 14세기 중반~17세기 중반에 걸쳐 '소빙기(1300~1650 AD)'라고 부르는 한랭기가 찾아왔다. 이 시기는 '마운더 극소기'라는 태양 활동의 정온기가 되어 태양 활동과의 관련성이 활발히 논의되던 때였다. 다만 이에 대해서도 전 지구적인 한랭화였는지에 대해서는 의문이 남아 있다. 그리고 산업혁명 이후 인간 활동에 의한 화석연료의 사용과 삼림채벌 등이 행해졌고, 그 결과 대기 중으로 대량의 이산화탄소가 방출되어 대기 중 이산화탄소 농도 상승이 현저해졌다. 20세기의 일이다. 산업혁명이 일어나기까지 약 1만 년 전부터 약 280ppm이라는 간빙기 수준으로 유지되어온 대기 중 이산화탄소 농도는 20세기 후반부터 급격히 상승하여 현재 400ppm 가까운 농도를 보이고 있다. 다양한 분석 결과, 현재는 지난 1,300년간 그 어느 시대보다 따뜻한 시대가 될 가능성이 높다.

무엇보다 중요한 문제는 온난화의 속도다. 통상 빙기에서 간빙기로 향할 때의 온난화는 아무리 크더라도 100년당 기껏해야 0.1℃ 정도 증가하는 완만한 경사를 나타냈다. 그러나 IPCC 4차 보고서에 따르면 현재 진행 중인 온난화 과정은 지구 역사를 통틀어 과거에는 볼 수 없었던 빠른 속도로 진행되고 있다는 평가가 내려졌다.

4.9 안정 기후와 문명의 발달

최종 빙기가 끝나고 후빙기(홀로세라고도 불리는 과거 약 1만 년간)에 접어들자 놀랄 정도로 안정된 기후 상태가 유지되었다. 이러한 사실은 산소동위원소비의 변동을 보면 분명히 알 수 있다(그림 4-4 참조).

지금까지 이 장에서 설명해온 것처럼 그 이전의 최종 빙기에서는 돌발적이고 급격한 기후변화가 몇 번이나 반복적으로 일어났다. 이런 변동은 홀로세에서는 일어나지 않고 있다.

이 홀로세에서 인류가 문명을 일궈낸 것은 우연이라고 할 수 없다. 홀로세의 안정적인 기후상태는 인류문명 발전에 본질적으로 중요한 요소였다. 한랭화나 가뭄 등 기후변화가 인간의 생활에 큰 영향을 미친다는 점을 감안하면 안정하게 기후가 유지된다는 것은 무엇보다 중요하다.

그러나 최근 1만 년간 기후상태가 매우 안정적으로 유지되고 있는 이유에 대해서는 안타깝게도 아직 밝혀지지 않았다. 유사 이래 인류는 다행히도 최종 빙기에서와 같은 수준의 갑작스럽고 급격한 기후변화를 경험하지 못했는데, 바로 그 때문에 안정된 기후현상에 대한 이해의 속도가 느리다고 할 수 있다.

현재 상태에서 미래의 상태를 유추할 수 있는 중요한 연구 대상은 현재보다 한 단계 전인 '최종 간빙기(약 13만~12만 년 전)'이다. 이 시기에 대한 연구는 당시의 기후상태가 과연 안정화되었었는지, 아니면 불안정했었는지 미래를 가늠하는 데 가장 중요한 정보가 될 것이다.

유감스럽게도 지금까지 아이스코어 데이터는 불완전한 것으로 남아 있어, 최종 간빙기에 대한 완전한 이해에는 이르지 못하고 있지만, 최근 연구에 의하면 적어도 최종 간빙기의 후반 수천 년간은 비교적 안정적이었던 것으로 보고되고 있다. 만약 이것이 사실이면 우리 인류에게는 아주 운이 좋은 일이다.

그렇지만 최종 간빙기 동안의 해수면은 현재보다 4~6m 정도 높았다. 즉, 현재보다 더 온난한 기후였던 것이다. 이러한 사실은 온난화된 미래

의 지구가 어떠한 안정 상태를 이룰 것인지를 예측하는 데 주목해봐야
할 부분이다. 이러한 점을 포함해 현재와 미래의 기후상태를 이해하기
위해서도 지구사를 통한 과거의 기후변화에 대한 이해는 필수적이라는
데 이론의 여지가 없다.

5.
최근 기후변화를 이해하다

5. 최근 기후변화를 이해하다

5.1 최근 기후연구에 필요한 요건

지금까지의 백 년과 앞으로의 백 년 동안 일어날 기후변화는 앞서 4장까지 논의해왔던 것처럼 전 지구사적 시간 스케일에서 발생했던 장대한 기후변화의 지평에서 본다면 정말로 단 한순간일 수 있는 현상이다. 하지만 지금은 고도로 발달한 기술과 효율성 높은 경제 시스템이 뒷받침되는 현대 사회다. 그럼에도 불구하고 이러한 사회와 경제는 지구사로 보면 극히 미미한 기후변화에도 심각한 영향을 받을 가능성이 크다. 높은 기술의 진보 덕분에 자연재해로 인한 사망자 수는 감소 중이지만, 역설적이게도 경제적 손실은 그림 5-1과 같이 해마다 증가하고 있다.

적절한 대응책을 강구하려면 무엇보다 기초지식인 기후 예측에 대한 오차를 어떻게든 우선해서 줄여야 한다. 그래서 현재의 기후 모델링은 상당히 높은 정확성을 가진 컴퓨터 모델에 의해 시행되고 있고, 기후변화 메커니즘에 대한 이해와 시뮬레이션의 정도도 현격히 높아지고 있다. 또한 모델 검증에 사용 가능한 관측 데이터도 크게 늘었다. 당연히 앞으로도 계속해 관측 데이터를 확대해나가는 게 바람직하다. 그렇지 않으면 온도가 1°C 상승함에 따라 막대한 비용을 치러야 하는 온난화 대책의 전제인 기후 예측 계산에 대한 설득이 어렵고, 이를 바탕으로 적절한 대책을 세울 수 없다.

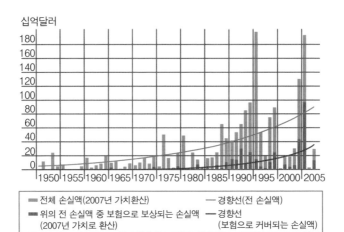

십억달러

[일본 학술회의('지구온난화 문제 해결을 위해서' 2009) 그림 3-1]

그림 5-1 보험료의 증가 현상

지구온난화 문제에 대한 연구는 지구사 전체와 관련된 기후연구와는 전혀 다른 차원의 정밀도와 영향평가에 대한 연구일 수 있다.

5.2 또 하나의 지구를 만들어 온난화의 원인을 찾는다

과거 100년 정도의 기후연구에서 가장 큰 특징은 고도로 발달한 기후 모델을 사용한 점이다. 이 기후 모델은 포트란(Fortran)[1] 등과 같은 컴퓨터

언어를 사용한 수십만 개의 프로그램으로 만들어졌다. 이 모델은 지구와 그 표층을 구성하는 대기, 해양, 육지를 유한한 공간격자[2]로 구분하고 지형 자료, 해수나 대기의 온도, 조성, 속도벡터 등을 물리화학의 기본원리로 계산하는 방식을 취한다(그림 5-2). 기본원리는 유체의 운동방정식, 열역학방정식, 방사전달방정식 등과 같은 물리와 화학에 대한 기본방정식을 사용하고, 가능한 한 다양한 기후변화에 대응하도록 고안되었다.

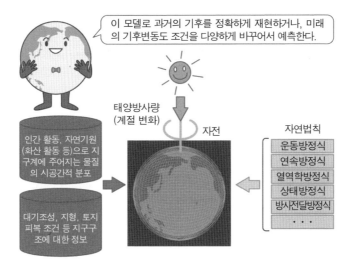

* 모델은 적당한 초깃값으로부터 출발해 수십 분 정도의 간격으로 계산해나간다. 엄밀히 자연법칙으로 나타낼 수 없는 현상이나 이산적인 시공간 격자로 나타낼 수 없는 현상은 파라미터리제이션이라고 불리는 반경험적 법칙에 의해 계산된다.

그림 5-2 수치 기후 모델

---

1   포트란 : 컴퓨터 연산을 위한 프로그램 언어의 하나. 과학기술 계산에 적합하며 슈퍼컴퓨터에 의한 대규모 시뮬레이션 등에 널리 이용되고 있다.

2   공간격자 : 수평방향 및 높이방향을 이산적인 공간격자로 유사하게 함으로써 컴퓨터에 의한 바람의 흐름 등의 계산을 가능하게 하는 근사법으로 사용된다.

또한 해양과 관련해서는 전 지구적 규모의 해양순환과 대기와 해양의 직접적인 상호작용을 방해하는 해빙 등도 포함된다. 대기·해양 간 상호작용이 중요한 역할을 하는 것으로 알려지고 있는데 이에 관한 기후 모델은 곧 '대기·해양 접합 모델'[3]이기도 하다. 현재 전 세계적으로 사용되는 기후 모델은 대기·해양 접합 모델을 기본으로 하여 다른 기후의 서브 시스템을 활용하며 모델링한다. 예를 들어, 최신 모델에서 육상의 서브 시스템인 수문(토양수분, 하천, 호수)이나 생물권의 응답(식생, 생태계), 지형이나 토지이용에 대한 영향 등을 고려하고 있는 것이 그러하다.

이러한 모델은 '지구 시스템 모델'이라 불리는데, 여기서는 무엇보다 태양 활동의 변화, 화산 폭발이나 온실가스의 변동, 에어로졸[4]의 직간접적인 효과 등도 중요한 요인으로 사용된다. 이러한 모델을 이용해 태양상수 $1366W/m^2$와 지구의 자전속도에 관한 데이터를 입력하면 정지한 대기와 해양의 상태로부터 현재의 기후를 재현할 수 있다. 또한 적절한 대륙 배치와 대기조성 데이터를 대입하면 과거 어느 시점에서의 기후까지 재현할 수 있다.

이런 모델로 계산된 최근 100년간 나타난 전 지구 지표면 기온의 변화를 살펴보자. 그림 5-3은 20세기 전 지구 평균기온의 변화에 대해 14종류의 모델에 근거하여 58가지의 계산결과를 관측한 값과 비교한 것이다. 최근 일어난 변화는 과거 1940년 무렵의 온도 상승기와 1960년 무렵의 한랭기 그리고 1990년 이후의 온도 상승기가 어떠한지를 이 기후 모델은 잘 재현하고 있다.

---

3   대기·해양 접합 모델 : 대기와 해양 및 그간의 에너지와 물질의 교환과정이 포함되어 있어 태양광이 주어지면 양자가 상호작용하면서 엘니뇨 등 다양한 대기와 해양 운동이 계산된다. 실제로는 육지도 포함되어 있다.
4   에어로졸 : 5~6절 '대기오염의 영향' 참조.

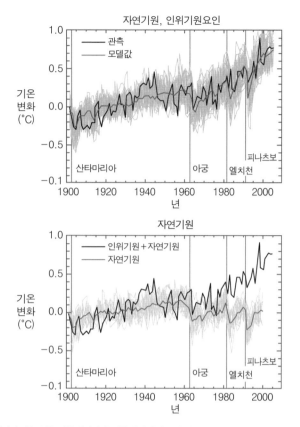

자연기원, 인위기원요인

기온
변화
(°C)

관측
모델값

산타마리아　　　　아궁　　엘치천　　피나츠보

자연기원

기온
변화
(°C)

인위기원＋자연기원
자연기원

산타마리아　　　　아궁　　엘치천　　피나츠보

* 그림 중 배경의 가는 선은 시뮬레이션에 의한 개별적인 모델 결과

[IPCC 4차 보고서(2007)]

그림 5-3 수치 기후 모델에 의한 최근 100년간의 전 지구 평균 기온 편차. 시뮬레이션(위) 및 인위기원 요인을 제거한 시뮬레이션(아래)

이 그림에 따르면, 19세기 말과 20세기 말에 발생한 기온 저하는 1902년 산타마리아 화산(과테말라)의 분화를 시작으로 1963년 아궁 화산(인도네시아), 1982년 엘치천 화산(멕시코), 1991년 피나투보 화산(필리핀) 등 대규모 화산 폭발에 따른 성층권 오염 때문에 일어난 것으로 추정된다. 그에 반해 20세기 전반에는 대규모 화산 폭발도 비교적 적었고 태양

출력도 비교적 컸기 때문에 따뜻한 기후로 이어진 것으로 판단된다.

그리고 1980년 이후의 온도 상승은 인간 활동에서 기인된 온실가스 증가가 그 원인이 되어 만들어진 온실효과 영향이라 할 수 있다. 그렇다면 이들에 대한 관측과 모델 계산값을 일치시키기 위해서는 인위 기원인 대기오염이 만들어내는 에어로졸에 의한 냉각 효과가 구동되고 있다는 점도 고려하지 않으면 안 된다.

그런데 그림 5-3을 다시 한번 살펴보면, 1920년부터 계속된 온난화가 화산 활동 등으로 1950년대에 일단 중단된 후 다시 시작된 것처럼 보이지만 실제로는 그렇지 않다는 점이다. 1940년대의 온난한 시기는 1980년 이후에 일어난 온도 상승 추세와는 다르다는 데 그 원인이 있다. 지난 100년간 전 지구 평균기온 변화는 주로 화산 활동, 태양출력의 변화, 인간기원의 온실효과 가스와 에어로졸의 배출에 의해 결정되었다고 할 수 있다. 하지만 그 각각의 기여정도는 기간에 따라 다르다. 그림 5-3에서는 이와 같은 계산 결과(위 그래프)와 인간 활동에 의한 온실효과 가스의 증가가 없었다고 가정하고 계산한 수치실험의 실시 결과(아래 그래프)를 서로 비교한 것이지만, 후자의 경우는 1980년 이후 관측된 현저한 온도상승은 재현할 수 없었다는 것을 확인시킨다.

이러한 결과에 근거하면, 최근에 일어난 기온 상승은 우리 인간 활동에 의해 야기되었다는 결론이 나온다.

5.3 기후변화와 시간 스케일

현재 지구의 기후상태는 어떤 특정 물리조건에서 이루어져 있다. 지금과는 크게 다른 조건에서는 기후가 얼마나 다양하게 변화할 수 있는지에 대해서는 앞 장에서 잠시 살폈다. 수만 년, 수십만 년, 아니 그 이상의 긴긴 시간 스케일로 천천히 변화하며 발생하는 현상은 우리가 당장 해결해야 할 문제의 논의에 영향을 주는 게 아니다. 다만 먼 과거에 일어난 일이라 하더라도 일단 한번 발생하면 수십 년에서 백 년의 시간 스케일로 계속 일어나는 현상은 우리 생활에 직접적인 영향을 미칠 수 있다.

고기후연구는 과거·미래 100년 정도의 시간 스케일 혹은 수백 년이라는 시간 스케일로 일어날 가능성이 있는 조건이 무엇인지 알기 위해 매우 중요한 연구 분야이다. 그와 함께 우리는 시간 스케일을 달리 하면서 일어나는 현상은 전혀 다른 차원의 것임도 냉정하게 인식해야 한다.

그림 5-3에 제시된 현재의 기후 시뮬레이션은 이처럼 변화의 시간 스케일이 긴 현상은 일정한 것으로 취급하는 반면, 짧은 시간 스케일로 일어나는 현상은 좀 더 자세히 그 시간경과에 대한 변화를 다루는 등 가능한 한 다양한 조건을 고려해서 작성한 것이다. 그렇다면 현재의 지구온난화 문제에서 우리가 중요하게 새겨야 할 기후변화의 요인은 대체 어떤 것들이 있을까? 여기에 대한 응답이 우리가 풀어야 할 숙제이다.

5.4 기후계를 구동시키는 방사 강제력

지난 100년간의 시간 스케일에서는 지금까지 다뤄왔던 것처럼 각종 인위적 요소나 태양 활동과 같은 자연적인 요소들이 태양방사와 지구방사 변화를 통해 지구의 기후상태를 결정했다. 과학자들은 이런 요소들의 변화가 기후에 대해 얼마나 영향력을 주고 있는지의 척도로서 '방사 강제력(radiative forcing)'[5]을 활용한다.

잠시 인위기원으로 방출된 이산화탄소가 대기로 방출되면서 발생시 키는 상황에 대해 생각해보자(그림 5-4). 처음에는 태양방사와 지구가 방출하는 열적외선의 양(지구방사, 5-1절 '최근 기후연구에 요구되는 요건'을 참조)이 서로 균형을 이룬다. 여기에 이산화탄소가 대기로 주입 되면 지구 밖으로(지구로부터 우주로 탈출하는) 나가는 적외방사는 감 소하지만, 이산화탄소에서는 태양방사의 수지(입력)가 거의 변화하지 않게 되어 대기 상단에선 방사에너지의 불균형이 발생한다. 이 불균형 이 일어나는 어떤 값(실체)을 '방사 강제력'이라 한다. 이러한 불균형이 발생하면 에너지 보존 법칙이 성립되지 않게 되어 최종적으로는 대기 상단(엄밀하게는 대류권계면)에서 방사수지가 맞춰지도록 지구의 기후 가 스스로 변화하게 된다. 따라서 방사 강제력은 기후 상태를 바꾸는(기 후변화를 일으키는) 구동력이라 할 수 있다.

이 경우 온실효과의 결과 가열 효과를 나타내는 방사 강제력은 그에 대응하는 전 지구의 평균 지표 부근의 온도 상승과 양호한 정(플러스)의 관계를 갖는다는 것이 이론적 고찰이나 다양한 기후 모델 수치실험을 통해 밝혀졌다. 온도 변화가 별로 크지 않은 한 그 비율은 거의 일정하 다. 즉, 방사 강제력의 크기와 온도상승 사이에는 서로 비례관계가 성립 하고 있는 셈이다.

---

5   그림 5-4 참조.

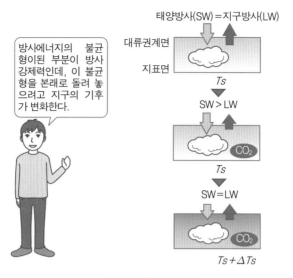

그림 5-4 방사 강제력

충분히 긴 시간 동안 변동요인이 작용했을 경우, 이때의 온도 상승(평형 기온 상승이라고 부른다)과 방사 강제력과의 비율을 '기후 감도 파라미터'라고 한다. 실제 기온상승은 바다의 열용량이 커서 천천히 상승하기 때문에 그보다 낮은 온도가 된다. 다양한 기후 모델을 사용한 수치실험에 의하면 기후감도 파라미터의 값은 $1W/m^2$당 0.8℃ 정도로, 수십 년에 걸친 온실효과 가스의 영향을 감안하면 그것의 60~70%에 해당한다.

인위기원인 온실가스가 만들어내는 방사 강제력은 매우 정확하게 평가되고 있다. 그에 따르면, 산업혁명 이후 2005년까지는 플러스 $2.6W/m^2$를 이루고 있다. 이 플러스(+)의 의미가 중요한 것은 지구계에 방사에너지가 가득차면 그만큼의 가열 효과가 작용하고 있다는 것을 알려주기 때문이다. 따라서 이 플러스 효과로 인해 전 지구 지표면 기온은 플러스 1.8℃ 상승해야 한다. 하지만 실제 관측값은 플러스 1.0℃ 정도밖에 상승하지 않았다.

그 원인을 파악하기 위해 IPCC 4차 보고서(AR4)가 제시한 최신 과학적 식견에 기초하여 각 기후변화 요소에 대한 방사 강제력을 추정한 것을 살펴보자(그림 5-5). 이 보고서가 제시한 방사 강제력은 1750년(산업혁명 이전, 즉 공업화되기 전 상태)에 대한 2005년 시점에서 기록된 변화 값을 보여줬고, 여기서의 단위는 m²당 W(W/m²)이다.

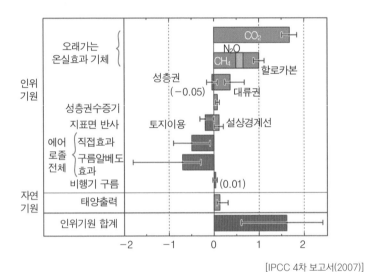

그림 5-5 IPCC 4차 보고서에 기록된 방사 강제력 평가

기후변화를 일으키는 방사 강제력의 요인 중 가장 큰 비중을 차지하는 것은 이산화탄소다. 현재 대기 중의 이산화탄소 농도는 측정 데이터가 비교적 많은 최근 경우를 포함하여 과거 42만 년 중 최대로 여겨진다. 그 밖에 메탄(CH_4)이나 일산화이질소(N_2O), 할로카본류의 효과도 해마

다 커지고 있다. 이것은 이미 높아질 대로 높아진 이산화탄소 농도에 의한 지구방사 흡수가 상당히 포화상태에 달해 비효율적이라는 이야기다. 또한 각각의 온실효과 가스가 갖는 온실효과 크기(지구온난화 포텐셜이라 칭함)는 CO_2를 1이라고 가정하면, 100년간 메탄은 25배, 일산화이질소는 298배로 늘어나 각각의 증가량에 비해 그 미치는 영향은 현격히 다르다는 것을 고려한 것이다. 또한 할로카본류에서는 CFC-12 등과 같은 다양한 가스로 인해 수십에서 수만 배의 차이를 보인다.

오존에 의한 방사 강제도 무시할 수 없다. 성층권에서는 인위적 원인으로 방출된 할로카본 때문에 오존홀이 파괴되어 오존이 줄어들고 있지만, 대류권에서는 전 지구적으로 진행되는 대기오염에 의해 오존이 증가하고 있는데 오존에 의한 온실효과가 발생하고 있다.

이들 온실가스에 의한 방사 강제력을 모두 합하면 $2.6W/m^2$ 정도의 정(플러스)의 값이 된다. 이에 덧붙여 이산화탄소 자체의 기여는 전체의 60% 정도여서 온실효과 가스를 줄이려면 이산화탄소뿐만 아니라 모든 온실가스에 대해 규제할 필요가 있다. 지구온난화 잠재력을 축소하기 위해(지구온난화에 영향이 미치지 않도록) 공업 활동으로 만들어지는 새로운 물질에 대해서도 계속적인 감시가 필요하다.

한편 대기오염이나 삼림화재로 인해 입자로 방출된 1차 에어로졸(그을음 등)이나 가스로 방출된 것들 가운데 대기에서 화학반응으로 생성되는 2차 에어로졸의 효과도 적지 않다. 이들에 의한 직접기후효과[6]는 제각각 다르다. 우선 그을음에 의한 태양방사의 흡수로 발생하는 가열

---

6   직접기후효과 : 5~6절 '대기오염의 영향'을 참조.

효과와 기타 에어로졸에 의한 태양방사의 산란으로 발생하는 냉각 효과(양산효과)라는 서로 상반된 효과를 보이지만 전체적으로는 약 마이너스 $0.5W/m^2$의 냉각 효과를 나타낸다. 또한 구름 핵[7]의 증가로 구름이 변화함으로써 생기는 간접기후효과[8]에 의해 마이너스 $0.7W/m^2$라는 마이너스 방사 강제력이 만들어진다. 이처럼 인위적 원인인 에어로졸의 기후 효과는 복잡하지만 지금까지의 평가를 통해 우리는 지구표층을 냉각하는 양산효과로 작용하고 있다는 것을 알 수 있다.

따라서 '온실가스에 의한 온난화'와 '에어로졸에 의한 한랭화'는 모두 우리 인간 활동 때문에 만들어지고 있는 것이다. 결국 에어로졸 효과를 전부 합하면 마이너스 $1.2W/m^2$가 되어 온실가스로 발생하는 온실효과의 30~40% 정도를 대기오염 에어로졸로 인한 양산효과가 상쇄된다. 오늘날 토지 이용이나 사막화가 진행됨에 따라 지면의 반사율이 증가하는 것도 마이너스의 효과로 작용하고 있다. 이러한 정(正)과 마이너스(負) 효과를 모두 고려하면 지구에는 1750년 이후 약 플러스 $1.6W/m^2$의 방사 강제가 걸린 것으로 평가된다. 대략적으로 말해 그중 60%에 해당하는 1℃ 정도의 온도 상승은 관측으로부터 얻어지는 온도상승과 일치한다.[9]

이러한 방사 강제력에 대한 20세기의 시계열을 나타낸 것이 그림 5-6이다. 전반적으로 볼 때, 화산분화가 주된 원인이 되어 성층권에 형성

---

7   구름 핵 : 에어로졸 입자 중 친수성인 것은 습도가 100%를 넘으면 수증기를 흡수해 구름 입자로 성장하므로 구름 핵이라고 부른다.

8   간접기후효과 : 5~6절 '대기오염의 영향'을 참조.

9   모델로 계산된 온도상승 예상값인 1.8℃에서 양산효과로 1℃가 증가한 결과이다. **(역자 주)**

되는 성층권 에어로졸(주로 황산으로 이루어져 있음)로 인한 마이너스
의 방사 강제력이 크다는 것을 알 수 있다. 그러나 성층권 에어로졸이
대기 중에 머무르는 체류시간은 1~2년 정도여서 평형상태에 이르기엔
시간이 너무 짧아 평형을 유지하기 위한 기온변화보다 훨씬 작은 기온
저하밖에 일어나지 않는다. 화산이 존재하는 위도나 그 규모에 따라
다르겠지만, 이런 방사 강제력이 오랫동안 계속되었을 경우 발생하는
온도변화는 10%에서 20% 정도에 지나지 않는다. 즉, 마이너스 1W/m²의
방사 강제에서는 마이너스 0.1℃에서 마이너스 0.2℃ 정도의 온도를 떨
어뜨리는 효과밖에 없다. 그림 5-3의 시계열에서는 대규모 화산분화에
따라 나타나는 일시적인 온도변화(온도 하강)는 이와 같은 이유로 설명
된다.

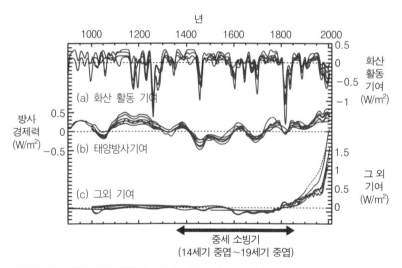

* 1500년부터 1899년까지 다양한 평가 결과를 평균 편차로 보여준다.

[IPCC 4차 보고서(2007)]

그림 5-6 방사 강제 시계열

그러나 만약 대규모 화산분화가 집중적으로 일어난다면 기온 저하는 커질 수밖에 없다. 마운더 극소기(maunder minimum)에(1650~1700년경 태양 흑점이 적었던 시기) 해당하는 중세 유럽의 소빙기 역시 실은 태양 출력의 저하보다 이런 화산 활동에 의한 것이 아닌가 하는 학설도 있다. 하지만 아직 이런 학설에 대한 결론이 확실하게 내려진 것은 아니다.

한편 그림 5-3에서 1940~1460년 무렵의 고온현상이 일어났던 때에는 성층권도 매우 맑고 태양출력은 약간 증가하는 경향을 나타낸다는 것을 알 수 있다. 그 후 인도네시아의 아궁(Agung) 화산 등의 분화 영향으로 저온화 경향이 보이는 1980년 이후에는 인위기원인 온실효과 가스에 의한 온실효과가 다른 요인을 상회하게 되어 지표의 기온 증가가 현저해지고 있다.

기후변화 요소가 일으키는 방사 강제력은 관측 데이터와 기후 모델에서 비교적 정확히 추측할 수 있다. 그러나 에어로졸에 의한 직간접적인 방사 강제력에 대한 전 지구 평균값을 구하기란 매우 힘들다. 그림 5-5에 제시된 오차 범위를 가리키는 막대그래프(오차범위를 나타내는 그래프 안의 막대)를 봐도 알 수 있듯이 아직도 불확실성이 크게 남아 있다. 따라서 이 방사 강제력의 오차를 해결할 정도로 기후변화를 세밀히 평가하기란 매우 힘든 현실이다.

그렇지만 그림 5-5와 그림 5-6에서 볼 수 있듯이, 궁극적으로 최근 30년간 화산기원 에어로졸이나 태양의 영향보다 우리 인간 활동에 의한 영향이 더 크다는 것을 알 수 있다. 그림 5-6과 과거 1,300년의 온도변화를 나타낸 그림 4-5를 비교하면, 온도변화와 그 원인을 이해할 수 있다. 이처럼 1,000년 정도를 자세히 분석하면 화산 활동, 태양방사 그리고 인간 활동에 의해 기온이 어떻게 변화하고 있는지를 정확히 간파할 수 있다.

5.5 인간의 활동으로 CO₂ 농도가 급상승했다

　대기 중에 존재하는 이산화탄소(탄산가스) 농도는 화석연료의 소비, 시멘트 생산, 토지 개발 등에 의해 급속히 증가했다(그림 5-7). 산업혁명 이전에는 그 값이 280ppm 정도이었지만 2011년에 이르러서는 390ppm 까지 증가했다. 산업혁명 이전의 농도와 비교하면 약 40% 정도 증가한 것이다. 이것은 빙상 코어 분석을 통해 밝혀진 지난 65만 년간의 이산화 탄소의 자연변동 범위인 180~300ppm을 크게 웃돈다.

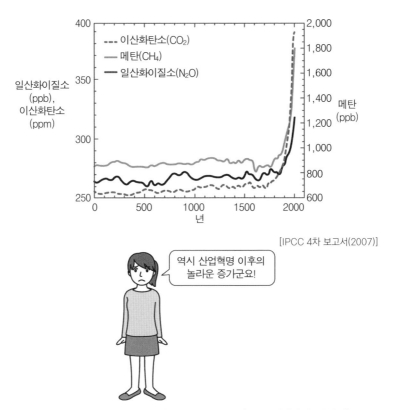

[IPCC 4차 보고서(2007)]

역시 산업혁명 이후의 놀라운 증가군요!

그림 5-7 온실효과 가스의 대기 중 농도 시계열(2005년까지의 데이터)

메탄의 경우는 주로 화석연료를 소비하거나 쓰레기 매립, 벼농사·축산 등에 의해 발생하는데, 그 농도는 산업혁명 이전의 0.7ppm에서 1.9ppm으로 증가했다. 일산화이질소도 비료 사용이나 공업생산으로 인해 메탄과 비슷하게 0.27ppm에서 0.32ppm으로 증가했다. 다만 최근 10년 정도는 대기 중 메탄 증가가 둔화되고 있지만, 앞으로 어떻게 될 것인가를 예측하기란 무척 어렵다.

지구환경이 인간의 활동으로 인해 전 지구규모로 변화하는 것은 오늘날 우리에겐 엄청난 충격이다. 찰스 데이비드 킬링(Charles David Keeling)[10]이 1958년 하와이의 마우나 로아(Mauna Loa)에서 최초로 이산화탄소 농도를 관측한 이후 그 농도가 계속 증가하고 있다. 현재 60세 전후의 세대가 학창시절(1974년 전후)이었을 때, 당시 대기 중 이산화탄소 농도는 330ppm, 증가율은 매년 1ppm으로 배웠을 것이다. 하지만 현재 학생들은 이산화탄소의 농도를 380ppm, 증가율은 매년 1.9ppm로 배우고 있다. 우리 인간이 배출하는 대기오염물질 중 하나인 이산화탄소는 이처럼 인간의 짧은 일생(수명)인 시간 스케일 동안에도 크게 증가하고 있다.

현재 이산화탄소 농도 관측에 의하면 인위기원으로 배출된 전체 이산화탄소 중 약 절반은 해양과 육지에 흡수되지 못하고 대기에 머무른다는 결론에 이른다. 그렇기 때문에 대기 중의 이산화탄소 농도가 증가한다. 이런 증가는 화석연료를 연소함으로써 발생하는 배출 등을 전부 합한 양과 해양과 육상식물이 흡수하는 흡수량에 대한 평가 차이로 개

---

10 찰스 데이비드 킬링(1928~2005) : 캘리포니아대학교 스크립스 해양연구소 교수. 1958년부터 하와이의 마우나 로아 관측소에서 대기 중 이산화탄소를 정밀 관측하여 이산화탄소의 장기적인 증가 경향을 세계 최초로 밝혀냈다.

략적인 설명이 가능하다. 화석연료 연소나 식물의 호흡·광합성에서는 산소가 사용되지만, 해양으로 흡수되는 과정에서는 이런 산소 소비가 없어 해양에서의 산소 변화를 측정하면 이산화탄소의 발생과 그 행방에 대해 중요한 힌트를 얻을 수 있다.

그러나 대기 중 산소 농도의 변화를 알아내기 위해서는 수십만 개의 산소에서 1개의 증감을 측정해야 하므로 매우 어려운 일이다. 그럼에도 불구하고 이런 측정을 처음 시도한 사람이 있다. 찰스 킬링의 아들 랠프 킬링이다. 이들이 행한 측정 결과(그림 5-8)를 통해, 우리는 우리가 살아 가는 세상에서 물건을 태우면 이산화탄소는 증가하고 그와 동시에 산소 는 분명히 감소하고 있다는 것을 명확히 알 수 있다. 또한 산소원자나 탄소원자의 동위원소가 해양이나 육상식물에 흡수되고 배출되는 비율 은 각각 다르기 때문에, 이 관측에서도 알 수 있듯이, 인위기원인 이산화 탄소의 행방을 추측해낼 수 있다.

이렇게 이산화탄소에 대한 연구 결과로 오늘날 1년간 우리 인간이 배출하는 이산화탄소 중에서 어느 정도의 비율로 바다나 식물에 흡수되 는지를 비교적 자세히 추측할 수 있게 되었다. 인간은 화석연료 소비나 기타 인간 활동에 의해 연간 약 90억 톤에 달하는 탄소를 이산화탄소의 형태로 대기 중에 배출하는 것으로 밝혀졌고, 대기 중의 이산화탄소 농도에 대한 관측도 정밀하게 이루어지고 있다. 이런 결과에 따라 우리 가 배출한 것 중 약 절반은 대기 중에 머물고, 그것이 대기 중 이산화탄 소 농도 증가의 원인이란 것이 밝혀졌다. 나머지는 육지와 해양이 약 절반씩 흡수한다는 것도 알았다. 이러한 연구를 통해 최근에는 현재와 같은 이산화탄소 농도 급상승의 원인이 화석연료를 사용하거나 토지개 발 등 인간 활동이 주된 원인임을 많은 과학자들이 확신하게 되었다.

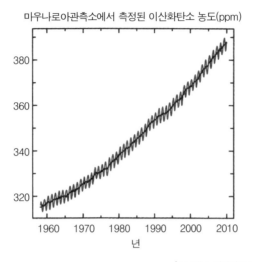

마우나로아관측소에서 측정된 이산화탄소 농도(ppm)

[스크립스 해양연구소 · 미국해양대기국]

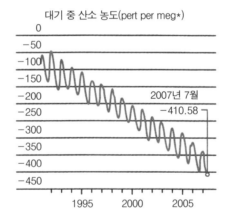

대기 중 산소 농도(pert per meg*)

2007년 7월
−410.58

[스크립스 해양연구소]

* 대기에서 100만 개의 산소분자당 감소한 산소분자수

Ralph Keeling
https://www.esrl.noaa.gov/gmd/ccgg/trends/(위)
http://legacy.sandiegouniontribune.com/news/science/20080327-9999-1c27curve.html(아래)

그림 5-8 이산화탄소의 증가와 산소의 감소

5.6 대기오염의 영향

대기 중에는 지표에서 부유된 토양 입자, 해양의 비말(해염입자), 육상이나 해양의 식물로부터 만들어져 대기로 방출된 갖가지 유기물질 등이 존재한다. 자연환경 속에서 형성된 반지름 10μm(1μm $= 0.001$mm) 이하의 대기 미립자를 일컬어 '미세먼지(particulate matter)'라 명명한다. 약간 개념이 다르지만 이를 '에어로졸(aerosol)'로 명명하기도 한다. 전 세계적으로 고조되는 대기오염 때문에 이런 에어로졸이 증가되고 있는데, 문제는 이것이 지구의 기후 형성과도 밀접하게 관련되어 있다는 점이다.

먼저, 대기 중에 에어로졸이 존재하지 않으면 구름 자체가 형성되지 않는다는 사실부터 언급하고 싶다. 통상 대기 중에는 에어로졸이 핵이 되고 이 핵 때문에 수증기가 흡수되어 구름 알갱이가 생겨난다. 이것을 에어로졸의 '구름 핵 효과'라고 한다. 에어로졸이 없는 경우에는 매우 높은 압력 때문에 수증기의 양이 존재하지 않는 한 구름이 생성되지 않는다. 한편, 에어로졸은 태양광선을 산란시키기 때문에 지구가 흡수하는 태양방사를 감소시키는 '양산효과'도 유발한다.

이처럼 에어로졸이 태양광을 산란시키거나 흡수해 태양방사나 지구방사의 수지를 직접 바꾸는 효과를 에어로졸의 '직접효과'라고 한다. 그리고 에어로졸의 증감에 따라 구름의 양이 변화한 결과로 인해 방사하는 강도(방사수지)가 변화하는 것을 일컬어 에어로졸의 '간접효과'라고 한다(그림 5-9).

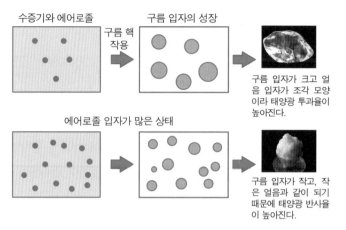

수증기와 에어로졸   구름 입자의 성장

구름 핵
작용

구름 입자가 크고 얼
음 입자가 조각 모양
이라 태양광 투과율이
높아진다.

에어로졸 입자가 많은 상태

구름 입자가 작고, 작
은 얼음과 같이 되기
때문에 태양광 반사율
이 높아진다.

* 에어로졸은 수증기를 흡수해 구름 알갱이로 성장한다. 인위기원 에어로졸이 대기 중에 증가하면 다수의 작
은 구름 입자가 생겨 구름의 반사율이 증가하는 구름 알베도 효과가 발생한다. 작은 구름 알갱이는 얼음 블록
을 잘게 썬 빙수처럼 태양광을 잘 반사한다. 또한 구름 알갱이가 작아지기 때문에 비가 내리지 않아 구름의
수명이 늘어나는 효과도 있다.

그림 5-9 에어로졸의 간접기후효과

그림 5-5는 인위기원 에어로졸이 일으키는 직접효과인 방사 강제력
과 간접효과 중 구름 알베도 효과인 방사 강제력을 보여준다. 구름 알베
도 효과는 구름 핵 작용에 의해 작은 구름 입자가 많이 만들어짐으로써
구름의 반사율(알베도)이 증가하여 일어나는 양산효과를 말한다. 에어
로졸의 간접효과에는 그 외에도 구름의 수명이 늘어나는 수명효과 등도
있다. 당초 대기오염에 의해 생성된 황산염 에어로졸이 태양방사를 반
사하기 때문에 이런 마이너스 직접효과는 적지 않다. 그런데 에어로졸
에는 그을음이 포함되어 있어서 실제로는 그을음의 가열효과에 따른
직접효과가 상당히 상쇄되어 결과적으로는 직접효과가 그다지 크지 않
아 보인다. 오히려 그보다 구름을 활성화시키는 간접효과가 더 크다고
할 수 있다. 산업혁명 이후 대기오염으로 인해 구름이 점차 밝아져서

온실효과를 상쇄시킨 것도 이런 효과 때문인 것 같다.

대기오염으로 만들어지는 NO_2가스나 에어로졸은 그 짧은 수명 때문에 농도 분포 또한 발생원 부근에서 높아지는데, 위성을 통해서 쉽게 관측할 수 있다. 그림 5-10을 보면, 전 세계를 봐도 인구 밀집도가 높은 곳에서 높은 농도가 관측되고 있다는 것을 알 수 있다. 또한 청정한 해상에서도 선박으로부터 배출되는 오염물질에 의해 에어로졸의 간접효과가 일어난다. 이를 추적할 수 있는 항적운이 관측된다. 이 그림들을 통해 우리는 지구가 얼마나 인간 활동에 의해 오염되고 있는지를 확인할 수 있다.

항적운(간접기후효과)
[Credit : Jacques
Descloitres, MODIS
Land Rapid Response
Team, NASA / GSFC]

에어로졸층(직접기후효과)
[Credit : Jacques
Descloitres, MODIS Land
Rapid Response Team,
NASA / GSFC]

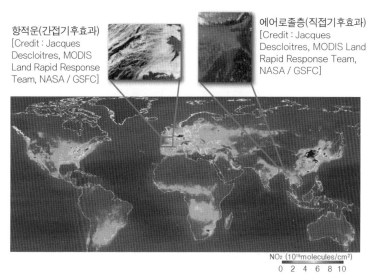

NO_2 (10^{15}molecules/cm^2)
0 2 4 6 8 10

[Credit : NASA]

그림 5-10 이산화질소의 전 지구 분포와 에어로졸층 및 항적운 관측

5.7 화산 활동의 영향

화산이 폭발하면 수증기, 이산화탄소, 아황산가스, 황화수소 같은 가스가 대기로 방출되고, 이들로부터 형성되는 에어로졸, 화산재나 먼지 등의 고체 형태의 에어로졸도 방출된다. 비교적 크기가 큰 고체 형태인 에어로졸은 불과 몇 주 만에 지표면에 떨어지지만 가스로부터 형성되는 크기가 작은 2차 에어로졸은 낙하속도가 느려 무려 1년 이상 싱층권에 머무는 경우도 있다. 이러한 성층권 에어로졸 때문에 태양방사가 산란되는데, 그중 일부는 우주 공간으로 반사되기도 한다. 따라서 성층권 에어로졸에 의한 양산효과가 대기 온도를 떨어뜨리기도 한다.

1991년 필리핀 피나튜보(Pinatubo) 화산이 큰 분화를 일으켰을 때, 지구 규모로 지표 온도가 내려갔다가 1995년에 이르러서야 겨우 본래의 온도로 회복되었다고 관측되었다. 또한 1833년 인도네시아에서는 섬 하나가 거의 없어질 정도로 큰 화산 폭발이 일어난 크라카토아(Krakatoa) 화산인 경우가 있다. 이 경우는 대기 중 에어로졸에 의해 약 3년 정도 푸른 달이 관측되었다는 기록을 남겼다. 최신 기후 모델링에서는 과거에 일어난 주요 화산 활동을 포함한 여러 실험을 하고 있다. 과거 지표면 기온에 대한 시계열인 1940년부터 1980년 사이에 일어난 저온화 경향은 이런 화산기원의 에어로졸 효과라는 게 최근 연구를 통해 증명되고 있다.

성층권 에어로졸을 만드는 화산 활동은 지각운동에 의존하고 있다. 앞서 2장에서 언급한 것처럼, 화산 활동이 일어나는 빈도수 변화에 따라 그 주기가 수억 년 스케일로 변화하고 있을 가능성도 있다는 것을 명심할 필요가 있다.

5.8 태양 활동은 짧은 주기로 변하고 있다

태양 활동이 11년 주기로 변동한다는 사실은 널리 알려져 있다. 특히 최근 30년간에는 인공위성을 이용한 정밀관측이 가능해졌다. 인공위성을 비롯한 다양한 연구결과, 최신 데이터에 따르면 태양방사에너지의 변동 폭은 약 0.1% 정도로 매우 작고 단위면적당 플러스마이너스(±) 0.25W 정도다. 이 값은 인위기원인 온실가스가 지난 100년간 일으킨 온실효과 방사 강제력(그림 5-5 참조)의 약 20%(1/5) 이하에 지나지 않는다. 또한 이 정도로 짧은 주기의 변동은 큰 열용량을 지닌 해양의 열 관성효과 등에 파묻혀 기후변화 인자로서는 영향력이 크지 않아 보인다.

좀 더 긴 시간 스케일로 태양 활동의 변동을 조사하려면 태양 표면의 흑점 수의 변화를 이용하면 된다. 흑점은 태양의 표면에 나타났다 사라지기를 반복하는 작고 검은 영역(검은 반점)이다. 태양 표면은 약 6,000℃인데, 이 반점은 4,000℃ 정도밖에 되지 않는다. 이 가운데 검게 보이는 부분을 태양 흑점이라 부른다. 태양 흑점에 관한 신뢰할 만한 데이터는 갈릴레오 갈릴레이가 망원경으로 관측을 시작한 17세기 이후의 자료밖에 없다. 태양 활동은 이 흑점 수가 증가하면 덩달아 증가하는 것으로 알려져 있다. 그런즉 태양 활동과 흑점 수의 관계는 곧 태양방사에 대한 변화를 추측할 수 있게 한다.

또한 태양 활동의 변화는 '태양풍'이라 부르는, 태양으로부터 방사되어 있는 고온의 플라즈마 강도의 변화와 그로 인해 영향 받는 우주선 강도의 변화를 통해 대기 중에서 생성되는 '탄소 14의 생성률 변화'로 측정할 수 있다. 탄소 14는 탄소의 방사성 동위원소[11]이며, 대기 중 질소 14에 중성자가 흡수됨으로써 생성되며, 반감기 5,730년 만에 붕괴되어

질소 14로 변화한 것이다. 탄소 14는 이산화탄소로서 식물에 흡수되기 때문에 나무의 나이테나 퇴적물을 조사하면 태양 활동을 과거 4만 년 정도까지 추정할 수 있다. 베릴륨 10도 같은 목적으로 사용된다. 이런 원리를 활용하면 탄소 14와 베릴륨 10의 생성률에 대한 시간 변화를 조사할 수 있고, 이를 통해 태양 활동 변화에 대한 정보를 알 수 있다. 최근에는 탄소 14나 베릴륨 10을 이용해서 퇴적물에 대한 연대측정을 수행하고, 시계열별 다양한 인자를 복원하는 연구가 활발히 진행되고 있다. 특히 퇴적물로부터 고기후를 연구하는 경우에는 이런 연대결정은 꼭 필요한 선결요인이 된다.

프록시(proxy) 데이터(고환경 지표)의 해석에 의하면, 확실히 장기간에 걸친 기온변화는 태양방사의 변화에 영향을 받는 것으로 판단된다. 그 크기가 지금까지의 연구에서는 대체로 플러스마이너스(±) 0.5W/m² 정도의 방사 강제력에 대응하는 것으로 생각된다(그림 4-5와 그림 5-6을 비교해보자).

특히 태양 흑점이 거의 없던 16세기의 '스푀레르 극소기(Sporer Minimum; 1460~1550년)'나 17세기의 '마운더 극소기(Maunder Minimum; 1645~1715년)'를 포함한 14세기 중엽부터 19세기 중엽까지의 기간(그림 5-6 참조)은 북미나 유럽에서는 '소빙기'로 불리는 한랭기에 해당하는 것으로 알려져 있다. 마이너스 0.5W/m²의 변화는 기후감도 파라메타를 0.8로 하면, 전 지구 평균으로 0.4℃ 정도 지표 기온이 내려간 상태를 말한다. 그러나 유럽이 위치한 고위도에서는 이러한 변화가 증폭되어 두

---

11 방사성 동위원소 : 동위원소 중 구조가 불안정하기 때문에 시간이 지남에 따라 방사성 붕괴가 일어나는 원소.

배 정도 기온이 내려갔을 가능성이 있다. 게다가 소빙기의 경우는 그림 5-6이 보여준 것처럼 화산 활동이 활발하게 되어 성층권이 혼탁했기 때문에 그로 인한 양산효과로 지표면이 더욱 냉각되었을 가능성이 있다. 한랭한 이 시기 전에는 태양방사가 크고 따뜻한 시기였다. 때문에 개략적으로 보더라도 지난 1,000년간 기온변화는 태양 활동으로 인한 영향을 크게 받았음을 알 수 있다.

　태양 활동이 기후에 미치는 영향은 방사 강제력에 의한 직접적인 가열이나 냉각 외에도 몇몇 메커니즘이 존재한다. 그중 하나가 자외선 량 변화에 따른 영향이다. 성층권까지 쏟아지는 자외선은 태양방사에너지의 수 %에 지나지 않지만 태양 활동에 따라 크게 변한다. 따라서 자외선은 성층권을 포함한 상층 대기에서는 대부분 흡수되었기 때문에 성층권의 기온을 바꾼다. 그 결과 일어나는 성층권의 대기 순환 변화를 통해 대류권(특히 고위도)에 영향을 주는 메커니즘이 생겨난다. 그런데 그 영향은 한정적이며 상관관계가 정(플러스)으로 나타날 수도 있고 부(마이너스)로 나타날 수도 있다. 기후변화의 페이스 메이커(pace maker) 역할을 할 가능성도 있지만, 그 신호가 너무 약해 충분한 검증은 이루어지지 않고 있다.

　최근 약 100년 만에 태양 활동이 약해지고 있다는 이야기가 있다. 11년 주기의 태양 활동이 조용한 시기에는 흑점은 거의 사라져 태양의 자기장 구조도 변화한다(그림 5-11). 나무 나이테와 탄소 14를 이용한 연구에 의하면 태양 활동이 약해진 마운더 극소기에는 태양 활동 주기가 14년 주기로 통상의 11년 주기보다 길어졌던 것으로 밝혀졌다. 현재도 태양 활동 주기는 길어지고 있는 징후가 보인다.

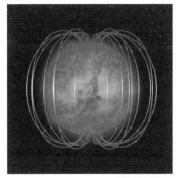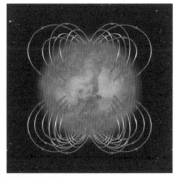

태양의 자장구조가 변화하고 있다.
(왼쪽 : 통상의 자장은 극이 2개, 오른쪽 : 변화 후 4중 극구조 이미지)

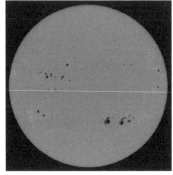

태양 흑점 비교(왼쪽 : 2000년, 오른쪽 : 2001년)

[Credit : ESA / NASA Solar and Heliospheric Observatory(SOHO)
NASA[Spotless Sun : Blankest Year of the Space Age]
http://www.nasa.gov/topics/solarsystem/features/spotless_sun_prt.htm]

그림 5-11 태양 활동이 적은 조용한 태양

다만 현재 상태의 태양방사에너지 전체는 마운더 극소기 동안에 줄었던 것처럼 뚜렷한 감소는 없어 보인다. 과연 현재의 상황이 마운더 극소기의 감소와는 다른 것일까? 아니면, 과거 태양방사의 감소량 예측이 잘못된 것은 아닐까? 등 다양한 의문이 제기되고 있다. 향후 태양 활동 변화와 기후변화를 좀 더 주의 깊게 지켜볼 필요가 있다.

5.9 은하 우주선 가설

태양 활동과 기후변화의 관련성에 관한 또 다른 가능성은 은하계로부터 날아오는 높은 에너지의 우주선(은하 우주선)과 관련된 것이다. 은하 우주선은 양성자나 전자 등의 전하를 가진 입자로 높은 에너지로 성층권이나 대류권까지 침입할 수 있다. 이들이 대기 중의 입자와 상호작용하여 높은 에너지를 가진 2차 입자를 발생시킨다. 그리고 이 2차 입자가 구름 핵이 되는데 수증기가 많은 경우에는 구름 입자로까지 발달한다. 이런 과정에서 구름이 형성될 가능성이 높아진 것으로 판단된다.

태양의 자기권, 태양풍, 지구 자기권은 은하 우주선의 침입을 막아주는 효과가 있다. 그러나 태양 활동이 저하되면 태양계 내로 침입하는 우주선량 그리고 대기권으로 침입하는 우주선량도 증가한다. 결국 우주선량이 침입은 태양 활동과 지구 자기장의 변동에 크게 영향 받을 수 있게 된다. 실제로 우주선량의 변화는 11년 주기의 태양 활동에 강하게 영향 받고 있다는 것이 위성관측 결과로 알려져 있다.

이러한 은하 우주선량의 증가는 '구름 양 증가를 일으킨다'는 학설이 있다. 이 학설에 따르면 태양 활동이 약해지면 우주선이 증가하고 구름양도 따라 증가하여 결국 양산효과로 지구가 한랭화된다는 논리다. 은하 우주선 강도의 변화를 인공위성으로부터 얻은 저층운의 구름양 변화와 비교한 것을 그림 5-12로 제시했다. 증감 타이밍이 일치하는 시점도 있고, 그렇지 않은 시점도 있어 서로 인과관계가 어떠한지는 좀 더 검증할 필요가 있다. 인간의 활동으로 인해 온난화가 진행된다는 설명과는 달리, 이들 관측 데이터를 제대로 재현하기 위해서는 은하 우주선이 구름 핵을 만들고 그것이 구름 입자를 만드는 과정을 이론적으로 모델

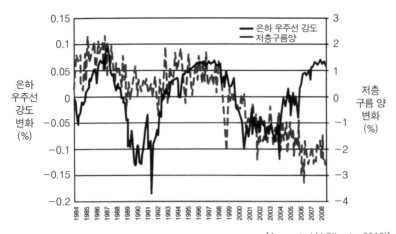

[Agee et al.(J.Climate, 2012)]

그림 5-12 은하 우주선 강도의 변화를 인공위성에서 관측된 저층의 구름 양 변화의
시계열

화해야 한다. 하지만 아직까지는 신뢰도가 높은 모델은 없는 실정이다.

거듭 말하거니와 '구름 핵이 만들어지는 작용'이란 관점에서도 그
타당성을 검토할 필요가 있다. 맑고 깨끗한 대기에서도 인간 활동이나
화산 활동에 의해 생성되는 에어로졸, 해염에서 만들어진 에어로졸이
1cc당 100개 정도 존재하기 때문에, 이것들이 우선적으로 수증기를 빼앗
아(흡착해)버릴 수 있다. 때문에 이보다 훨씬 작은 전하입자로 생성된
이온핵이 수증기를 획득할 가능성은 낮고, 대개는 구름 입자로 성장하
기 전에 흩어질(없어질) 가능성이 높다. 최근에는 고위도 지역도 대기오
염이 심한데, 비록 은하 우주선에 의한 영향이 있었다 하더라도 그 영향
은 그리 크지 않아 보인다.

물론 매우 청정한 대기나 상층 대기에서는 이온핵이 충분히 기능하는
조건을 찾아낼 수 있다. 하지만 위성관측으로 조사해본 결과 상층 운량

과 은하 우주선량의 상관관계는 낮다. 만일 은하 우주선에 의해 상층운이 더 많이 만들어졌다고 하더라도 상층운은 양산효과와 동시에 온실효과도 일으키기 때문에 효율적으로 지구를 식히기란 어렵다고 판단된다.

6.
21세기 기후 예측 및
차세대 기후 모델

6. 21세기 기후 예측 및 차세대 기후 모델

6.1 21세기 기후 예측

지금까지 여러 장에 걸쳐 살펴본 지구 기후의 변천을 그림 6-1에 정리하였다. 한번 더 살피면, 지구 기후는 다양한 메커니즘으로 인해 변화해왔음을 알 수 있다. 이들 메커니즘 중 몇 가지는 미래의 기후변화를 예측하는 데도 중요한 요인으로 작용할 것이다.

그림 6-2는 여러 국제조직에서 실시한 온난화 시뮬레이션 결과를 IPCC가 정리한 것이다. 그림에서 보는 바와 같이, 온난화가 잘 일어나지 않는다는 결과부터 기온이 크게 상승한다는 결과까지 다채로운 결과가 제시된다. 21세기 말까지를 예측 범위로 잡았을 때, 기온 상승 범위는 1.1~6.4°C라는 넓은 범위의 예측으로 나뉘어져 있다. 이와 같이 예상되는 온도 상승 범위가 넓은 것은 시뮬레이션에 사용하는 모델에 따라 예측 결과에 차이가 생긴다는 이야기다. 도대체 왜 이처럼 모델 간의 차이가 크게 발생하는 것일까? 이에 대해 잠시 생각해볼 필요가 있다. 주된 원인은 '외부 데이터의 불완전함', '모델의 불완전함' 그리고 '비선

형 불안정성의 문제' 등 개략적으로 3가지 정도로 그 원인을 찾을 수 있다.

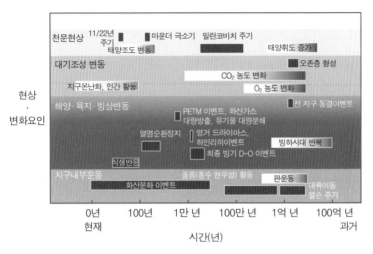

* 가로 막대의 길이는 이벤트의 시간 스케일을 나타냄

그림6-1 전 지구적 규모의 기후변화 현상과 그 변천

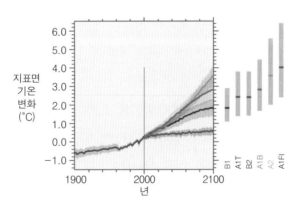

* 오른쪽의 세로봉은 21세기 말 예측치 모델에 대해 배출 시나리오(B1, A1B, A2 등)별 차이의 폭을 나타냄

[IPCC 4차 보고서(2007)]

그림6-2 21세기 전 지구 지표 기온변화 예측(배출 시나리오에 따른 차이)

일단, 이와 같은 모델을 구동시키려면 지형과 같은 명백한 외부 데이터 외에도 태양 출력, 주요한 온실가스 및 다양한 대기오염물질의 배출, 화산 분출물 등에 매년 변동을 주지 않으면 안 된다. 그 불확실성에 따라 결과도 달라지기 때문이다. 하지만 미래에 대한 예측에서는 이런 외부 데이터가 무엇인지 알 수 없는 부분이 많다.

예를 들어, 미래의 기후를 예측하는 데 인간 활동에 의해 어느 정도의 온실효과 가스나 에어로졸이 배출될지에 대해서는 예측하기 힘들어서 앞으로 일어날 수 있는 시나리오를 몇 가지 준비한 후 예측 계산이 이루어져야 한다. 이러한 시나리오는 미래의 기술 혁신이나 사회 발전에 좌우되는 요소가 커서 예측 또한 너무 힘들다. 때문에 IPCC에서는 사회의 발전 패턴을 분석해서 다양한 배출 시나리오를 준비 중이다. 그림 6-3은 이렇게 해서 만들어진 시나리오별 이산화탄소 배출량을 보여준다.

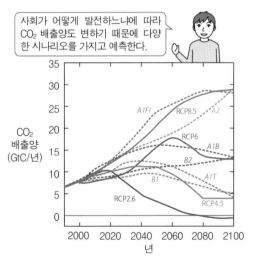

* RCP 시나리오 및 SRES 시나리오(B1, B2, A2 등)를 나타냈다.

그림 6-3 다양한 이산화탄소 배출 시나리오

이 그림에 제시된 SRES 시나리오(B1, B2, A1, A2 등)는 IPCC가 2007년에 발표한 4차 보고서에서 주로 사용한 시나리오다. 또 RCP 시나리오는 2013년 발표된 5차 보고서에서 주로 사용된 시나리오다. 여기서 SRES는 1990년부터, RCP는 2000년부터 배출량 추정을 근거로 하고 있다. 그렇기 때문에 두 시나리오는 10년간의 배출량에 대한 추정의 출발선이 서로 다르다는 것을 알 수 있다.

이와 같이 온난화 예측은 현재 상태가 어떻게 진행되고 있는지에 대한 모니터링과 그 결과에 따라 철저한 기준을 갖고 이루어지지 않으면 안 되며, 각각의 배출 시나리오에 대한 점검과 시나리오의 업그레이드도 중요하다. 그림 6-2의 시나리오에서 볼 수 있는 온도 변화 예측 폭의 약 절반에 해당하는 값은 이러한 배출 시나리오의 불확실성에 기인하고 있다. 11년 주기 이외의 태양 출력이나 화산 활동에 대해서도 각각의 배출 예상 값을 정확히 알 수 없기 때문에 모델 자체에 의한 예측 불확실성이 발생되고 있다.

기후 모델 자체의 불완전성도 모델에 따른 의존성을 떨어뜨린다. 만일, 어떤 배출 시나리오(예를 들어 A1B 시나리오)를 선택 후 동일한 온실가스 배출량 시간 변동을 모델의 기본 값으로 입력한다 하더라도 모델의 응답, 예를 들어 지표면 기온 상승은 같아지지 않는다. 전 세계 기후 모델이 보여주는 기후감도 파라메타(5-4절 참조)는 모델에 따라 2배 정도의 차이가 난다. 그림 6-2에서는 이런 격차를 21세기 말에 예측되는 폭(차이)으로 보여주고 있다.

컴퓨터의 성능에 따라 수백 년간의 지구 기후를 계산할 수 있는 모델의 격자 사이즈가 20km에서 100km 정도에 이르는 탓에 이것으로는 대류

현상이나 구름 등의 격자 사이즈보다 더 작은 스케일의 중요한 현상들은 제1원리[1]로 표현하기 어렵다. 이를 위해 '모수화(Parameterization)'라 부르는 기후 모델링의 독특한 방법이 사용된다. 이 방법은 격자 내의 현상이나 제1원리로 표현할 수 없는 복잡한 현상을 격자변수에 의해 반경험적인 방법으로 표현하는 것이다. 이러한 모수화는 관측 사실, 이론적 고찰, 보다 분해 능력이 높은 모형 평가 등을 토대로 계산결과 등의 지식을 활용해 격자상의 변수와 격자 내의 변수를 반경험적 방법으로 연결시킨다. 그런데 제일원리가 존재하는 것은 아니어서 같은 현상에 대해 서로 다른 모수화 알고리즘이 전 세계 곳곳에서 만들어지고 있다. 이를 해결하기 위해 동일한 외부 데이터를 입력한다 하더라도 발생하는 기후계의 변화는 사용하는 모수화에 따라 달라질 수밖에 없다. 특히 어려운 것은 구름, 강우, 대기나 해양 난류 혼합, 해빙, 대륙빙하, 대기화학 반응 등에 대한 모델링 부분이고, 심지어 식생과 기후의 상호작용 같은 아직 기초 과정이 불명확한 것들도 있다.

그렇다면 모델과 외부 데이터가 완벽하면 미래 예측을 정확하게 할 수 있을까? 정답은 '예스(Yes)', '노(No)', 두 가지 모두다. 즉, 어느 쪽도 가능하다는 이야기다. 지구 유체의 운동을 기술하는 나비에 스토크스 방정식[2]은 오랜 시간에 걸쳐 수치 해석을 할 경우, 실제 공식에 포함된 비선형성 때문에 초기 값에 약간의 오차가 있더라도 점점 더 확대되는 특성을 지닌 방정식이다. 구체적으로 이야기하면, 시간 적분을 위한 초

---

1 제1원리 : 뉴턴의 역학 법칙, 통계역학, 열역학, 화학반응의 법칙 등 물리학이나 화학 등의 기본법칙.
2 나비에-스토크스 방정식 : 점성을 가진 유체의 운동을 기술하는 비선형 편미분 방정식으로 기상학에서 대기의 움직임을 기술하고 예측하는 데 사용된다.

기 조건에 약간의 오차를 주더라도 시간이 지나면 매번 다른 예측치가 나온다는 이야기다. 이와 유사한 현상은 1-6절의 로렌츠의 나비효과 부분에서 설명한 바 있다. 현실적인 세계에서는 전혀 오차가 포함되지 않은 초기 상태(조건)로 만드는 것은 사실 불가능하다. 때문에 나비에 스토크스 방정식을 현시점으로부터 오랜 시간이 경과된 상태까지를 계산한 후 정확히 예측한다는 것은 원칙적으로 불가능하다. 일기예보를 100% 맞추기란 원칙적으로는 있을 수 없는 일과 같다고 비유할 수 있다.

그렇다면 어느 정도의 시간까지로 정하면 그 허용되는 오차범위에서는 예측할 수 있는가? 이 문제를 가리켜 '예측한계 문제'라고 한다. 우리가 일기예보에서 흔히 듣는 '내일 날씨가 맑을 확률은 30%'라는 것은 곧 이런 예측 한계를 고려한 예보다. 여기서 30%라는 말은 현재의 초깃값(관측된 온도, 습도, 풍향·풍속 등)을 기본 조건으로 입력할 때 생각할 수 있는 관측오차를 랜덤(무작위)하게 부여하고 일기예보 모델을 100회, 여기에 다음 날 상황까지 계산했을 때, 그중 30회가 맑을 수 있는 확률임을 의미한다. 실제로 기상청은 이렇게 여러 번에 걸친 수치 시뮬레이션에 따라 일기예보를 하고 있다. 기후 예측 문제의 경우도 마찬가지다. 다만 기후 예측에서는 수십 년 후의 기후 상태를 입력하기 위해 기후 모델을 여러 번 작동시킨 후 그 평균값을 사용한다는 점이 다를 뿐이다. 기후 예측을 통해서는 수십 년 뒤에 일어날 수 있는 하루하루의 날씨를 맞히는 것이 아니라 평균적인 기후 상태를 예측하려는 것이다.

이렇게 모델의 불확실성에도 불구하고, 오늘날과 같은 온실효과 가스의 큰 증가와는 달리 지구 기후가 점점 한랭해진다는 계산결과는 나오지 않았다. 어떠한 오차 폭을 가진 예측이라 하더라도 서로 다른 배출 시나리오에 따라 서로 다른 기후변화를 구별할 수 있다는 것이 현재의 기후 모델 실험을 통해 얻은 중요한 경험이다. 가정한 것과는 전혀 다른 변화가 나오지 않은 이상, 가정한 변화에 필요한 물리·화학 법칙의 대부분이 현재의 모델에는 이미 포함되어 있기 때문에 그 가정(조건)에서의 한랭화는 물리적으로 있을 수 없다는 이야기다. 물론 태양출력이 극단적으로 감소하거나 화산 대분화가 수십 년에 걸쳐 빈번하게 일어나는 것과 같은, 이른바 현재 우리가 사용하는 지구온난화 예측 시나리오에는 전혀 입력조건으로 사용하지 않고 있는 외부 요인이 일어났을 때는 이야기가 전혀 달라질 수 있다. 따라서 보다 정확한 예측을 위해 태양방사나 화산 활동, 대기조성 상태 등을 항상 모니터링할 필요가 있다.

여기서 컴퓨터 시뮬레이션에 의한 21세기 말 지표면의 기온변화에 대한 전 지구 분포결과를 잠시 살펴보자(그림 6-4). 뚜렷한 특징으로는 내륙과 고위도 지방은 기온이 4℃ 이상 높다는 것을 알 수 있다. 이는 아이스 알베도 피드백과 열용량이 작은 육지가 존재하고 있어서다. 한편, 적도 부근에서는 열용량이 큰 해양의 존재와 매우 활발한 대류현상 때문에 발생되는 구름이나 상승류에 의한 일종의 실드 효과가 작용하여 기온 상승이 억제되고 있다. 또한 중국 부근이 대기오염물질에 의한 양산효과(5-4절 참조)에 의해 비교적 온도 상승이 완만해졌고, 그중 대기오염이 심한 곳에서의 온도가 낮아지는 경향도 볼 수 있다.

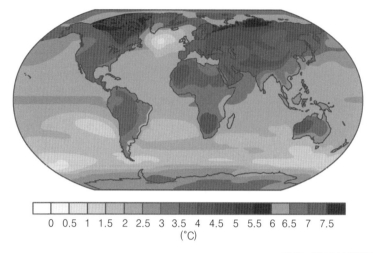

0 0.5 1 1.5 2 2.5 3 3.5 4 4.5 5 5.5 6 6.5 7 7.5
(°C)

[IPCC 4차 보고서(2007)]

그림 6-4 2090-2099년 기간의 전 지구 평균 지표면 기온변화(SRES-A1B 시나리오
에 의한)

21세기 후반이 되면 A1B 시나리오나 A2 시나리오(그림 6-3 참조)의
경우, 극지방에서는 섭씨 10°C 이상 상승할 것으로 예측되어 여름철이
되면 눈이나 해빙이 대부분 녹아내린다. 뿐만 아니라 영구동토와 산악
빙하도 녹기 시작한다. 따라서 전 지구 평균기온이 증가하는 데는 고위
도에서 몇 배에 달하는 기온상승이 있다는 것을 인식해야 한다.

이렇게 현재의 증가 추세와 비슷하게 이산화탄소가 계속 증가하면
세계의 기후는 큰 영향을 받을 수밖에 없다. 그로 인해 식생이나 생태계
에 큰 타격이 가해질 것임은 당연지사다. 이 가운데는 물에 관한 문제도
있다. 온난화된 대기는 보다 많은 수증기를 유지할 수 있기 때문에 집중
호우나 홍수의 발생 증가도 예측된다. 특히 강우와 관련된 현상은 습윤
한 공기가 상승하는 대류지역(저기압 영역)에서 생기지만 많은 양의

비를 내리게 하는 공기는 바싹 건조되어 하강기류로 바뀐다. 그 결과 하강기류 지역(고기압 영역)은 온난화로 인해 고온으로 변하고 현재보다 더 건조해진다. 좀 더 구체적으로 계산하면, 홍수가 잦을 것으로 예측되는 지역은 동시에 가뭄 발생 지역과도 일치하기 쉽다는 이야기다. 그리고 해양산성화 등과 같이 인위기원인 이산화탄소는 생물에게도 심각한 영향을 끼쳐 결국 해양환경까지도 바꾸게 될 것이다.

6.2 계속 증가하는 이산화탄소

지금까지 주시해왔던 것처럼, 지구사에서 이산화탄소나 메탄의 농도가 크게 바뀌는 것은 가끔 있었다. 그런데 최근 들어 발생하는 지구온난화 현상에서는 무엇보다 그 속도가 문제다. 현재 상태로 인위기원인 온실가스가 증가하면, 기온은 현저히 상승될 것으로 예상된다. 이것이 기후변화가 우리 인류에게 던지는 경고임은 의심의 여지가 없다. 즉, 1980년대부터 연구자들에 의해 지적되어 기후변화협약[3] 등의 국제 간 프레임워크가 만들어졌다. 그럼에도 불구하고 그림 5-7에 나타낸 것과 같이 온실효과 가스의 증가는 전혀 멈출 기색이 없다.

산업혁명 이후 화석연료의 연소나 삼림채벌 등에 의한 토지이용의 변화, 항공기의 발달에 수반하는 배기 등 인위기원에 의한 대기조성의 변화가 급증하고 있다. 화석연료 소비에 따른 이산화탄소(CO_2)의 인위

---

3   기후변화협약 : 지구온난화 문제에 대한 국제적인 골자를 설정한 조약이다. 1992년 리우데자네이루에서 열린 환경과 개발에 관한 국제 연합회의에서 채택되어 1994년에 발행. 2003년 단계에서 187개국 및 유럽공동체(EC)가 가입, 체결하였다.

적인 증가 외에도 메탄(CH₄), 일산화탄소(N₂O), 오존(O₃), 할로카본(프론류 혹은 CFC : 염소·불소를 포함하지 않는 탄소화합물) 등과 같은 미량 성분도 최근 수십 년 동안 급속히 변화했다.

그렇다면 이런 상태로 어디까지 가면 지구환경은 위험영역에 도달하는 것일까? 그림 6-2에 사용된 모델에 의한 예측 계산 폭으로 비추어 봤을 때, 이산화탄소 환산하여 500ppm 정도로 그 농도 증가가 멈춘다면 산업혁명 이후의 전 지구 지표면 기온은 2~4℃ 오른다. 800ppm에서 멈추면 기온은 3~7℃ 정도 상승한다. 이러한 온도상승이 초래하는 장점과 단점에 대해서는 매우 많은 환경영향평가가 있어서 구체적으로는 다른 책을 참조하기 바란다. 다만 여기서 IPCC의 평가를 인용하면 '산업혁명 이후 플러스 2℃ 정도 온도 상승이 허용되면 사회와 경제, 생태계에 미치는 악영향은 온난화로 야기되는 장점보다 훨씬 많다(상회한다)'는 점만 지적하고 싶다.

그런데 이 온난화의 영향평가에 따르면 히말라야 빙하가 2035년까지 전부 사라질 것이라는 명백하게 잘못된 기술이 IPCC 4차 보고서에 들어 있었다는 게 최근 사실로 밝혀졌다. 본래 IPCC에서는 이러한 문제를 방지하기 위해 평가에 사용하는 지식에 대해서는 엄격한 심사기준이 갖춰져 있다. 그럼에도 불구하고 이런 문제가 생긴 것은 매우 유감스럽다. 앞으로는 심사기준의 준수나 평가서를 공개적으로 심사하거나 면밀히 검토하여 좀 더 엄밀하게 실시할 필요가 있다.

하지만 지금까지 설명한 바와 같이, 우리 인간은 기후변화에 대한 이해를 잘못하기 쉽다는 것을 많은 과학자들도 충분히 인지하고 있고, 가능한 한 정확한 검증을 위해 노력 중이다. 따라서 IPCC의 평가결과가

100% 옳다고는 할 수 없지만, 이를 통해 확인된 주요한 결론이 바뀔 가능성은 없을 듯하다.

6.3 응답하는 생물권

지금까지 우리는 대기 중의 이산화탄소 농도를 측정함으로써 매년 대기 중에 잔존하는 인위기원으로 방출된 이산화탄소 양에 대해 알았다. 그런데 배출량과 흡수량에 대해 잘 알 수 없는 나머지 부분이 어디로 갔는지에 대해서는 여러 학설이 있어 불명확하다. 이 미스터리는 '미싱 싱크(missing sink)의 문제'로 부른다. 이후 육상에 있는 식물에 의한 이산화탄소 흡수의 중요성이 제기되어 최근에는 대기 중 산소 농도의 감소량이나 동위원소비율 측정을 통해 해양과 육지식물에 의해 나머지 이산화탄소가 거의 반반씩 흡수되고 있다는 것이 밝혀졌다.

그러나 이산화탄소의 증가와 함께 향후 이산화탄소가 어느 쪽으로 어느 정도로 배분될지 또는 해양이나 육상식물에 의한 흡수량이 증가할지에 대해서는 불확실성이 아주 크다. 지금까지의 추정 결과로는 21세기 중에 이산화탄소 농도가 증가함으로써 육상 식물(생)에 의한 이산화탄소 흡수(시비효과)가 온난화에 따른 토양유기물의 부패 진행 등에 의한 이산화탄소 방출을 웃돌기 때문에 온난화를 억제하는 방향으로 작용하지 않을까 하는 예상을 하고 있다. 하지만 이런 시비효과에는 이산화탄소량뿐만 아니라 거름과 같은 역할을 하는 질소가 필요하다. 최근 연구에 의하면 질소가 모자라는 결핍상태가 미래에 일어날 수 있어서 시비효과는 그다지 크지 않다는 지적이 나오기 시작했다.

이와 같은 것들은 아직 모델로는 충분히 고려할 수 없는 어려운 프로세스가 남아 있어서 모델 자체를 개량할 필요가 있다. 결과적으로는 이런 추측에도 현실적으로는 큰 불확실성이 따른다는 것이다. 어쨌든 현재 육상에서 유기물 부패가 진행되거나 온난화 및 해양산성화로 인한 이산화탄소 흡수효율이 떨어지고 있는데, 이를 보상하는 차원에서 육상 식물과 해양이 미래에 인위기원으로 방출되는 이산화탄소의 절반 이상을 육지와 바다가 흡수하는 일은 일어나지 않을 것 같다. 결국 인위기원의 온실가스가 지구온난화 현상의 주역인 것은 두말할 필요가 없다(그림 6-5). 대기 중 이산화탄소 농도와 바다의 물리화학적 상태와의 상호작용은 고기후변동 중에도 가장 많이 등장한다(2-2절, 2-3절, 4-3절 참조).

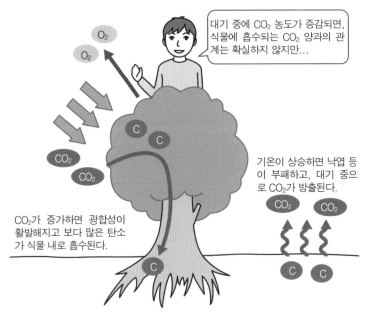

그림 6-5 식물의 활동과 대기 중 이산화탄소 농도의 증감

6.4 급격한 온실효과 가스 방출을 일으키는 영구동토의 융해

가장 심각하게 온난화가 일어날 것으로 예측되는 지역은 북반구의 고위도 지방이다. 여기서는 온난화로 인해 북극해와 그린란드 빙상이 녹아내리면서 태양광 반사율이 낮아지고, 그 결과 해양은 더욱 따뜻해 진다는 정(+)의 피드백이 일어나기 때문이다. 이렇게 온난화가 진행되면 시베리아 툰드라 등 영구동토에는 어떠한 영향을 미칠까? 관측 결과에 따르면 북반구의 고위도 지방에서는 기온상승으로 시베리아나 알래스카 등 북극권을 포함한 툰드라나 그 남쪽에 위치한 침엽수림대에 넓게 분포된 영구동토의 융해가 벌써부터 시작되었다는 평가가 나왔다.

침엽수림대의 수목은 기온상승의 완충지대가 되어 지표면의 온도상승을 억제시킨다고는 하지만, 온난화와 건조화 때문에 삼림화재가 많이 발생하고 있다. 이 때문에 화재로 전소된 후 민둥산이 된 지표면은 온도가 상승하여 한층 더 영구동토층을 융해 시키는 정의 피드백이 형성된다. 이런 여건에서 영구동토의 융해로 우려되는 것이 거기에 갇혀 있었던 메탄의 방출이다. 게다가 대량의 식물체도 묻혀 있기 때문에 그것들이 분해되면서 대량의 이산화탄소도 따라서 방출되기 시작한다. 결국 영구동토층의 융해는 지구온난화를 더욱 가속화시킬 수 있는 가능성이 있다는 이야기다. 현재 평가에 따르면 생물권의 반응보다는 작지만 불확실성은 매우 크다고 할 수 있다.

6.5 극단적인 기상현상의 변화

지금까지 나온 기상관측 연구에 의하면, 1970년 이후 열대지역이나 아열대지역에서는 더 격렬하고 더 오랫동안 가뭄이 있었다는 것이 확인됨으로써 그 관측 지역이 확대되었다. 또한 북대서양 열대저기압의 강도도 증가했다. 또 다른 지역에서도 열대저기압의 활동 증가가 나타났지만, 인공위성으로 관측하기 전의 데이터에는 그 정확성에 다소의 의문이 남아 있어 아직은 확실하지 않다. 열대 저기압이 연간 발생하는 횟수를 통해서는 명확한 경향을 발견할 수 없다. 이러한 경향들은 온난화 현상에 의해 일어나고 있는 것인지 그렇지 않은 것인지에 대해서는 보다 면밀한 주의가 필요하다. 기후 모델을 사용한 미래예측에 의하면, 향후 열대성저기압이 일어나는 횟수는 점차 줄어들지만 순간 최대풍속이 50m/s를 초과하는 대형 저기압이 출현할 것으로 예상된다. 하지만 아직은 확실하다고 단언하기 어렵다.

특히 이와 같은 현상에 크게 관여된다고 생각되는 구름 시스템 변화에 대한 이해 부분은 아직도 많은 불확실성이 있어 앞으로 중요하게 부각되는 연구 분야가 아닐 수 없다(6-9절 참조). 격자 간격을 수 km로 모델링할 수 있는 차세대 모델에 의해 우리가 볼 수 있는 하늘에 뜬 구름을 사실적으로 재현할 수 있는 날이 서서히 다가오고 있다. 만약 이것이 실현되면 태풍이 온난화로 어떻게 변화해갈 것인가 등 중요한 현상에 대한 이해도 깊어질 것이다.

6.6 '열염순환 = 해양대순환'의 정지

바닷물의 흐름은 지구 규모의 해양대순환을 형성하고 있다. 해양대순환은 온도와 염분의 차이 때문에 발생되고 흐르기 때문에 '열염순환

(thermohaline circulation)'이라 부른다.

태평양이나 인도양의 따뜻한 표층수는 서쪽으로 흘러 남아프리카를 돈 뒤 멕시코만을 지나 북대서양과 그린란드까지 북상한다. 남쪽 바다로부터 흘러온 표층수는 본래 염분이 높았다. 그런데 이 해수가 그린란드 앞바다까지 가면서 더욱 차가워지고 비중이 무거워져 자연스럽게 가라앉는다(침강한다). 해양 심층으로 침강한 해수는 심층수가 된 후 다시 대서양을 남하하여 태평양을 거쳐 인도양으로 다시 돌아오는 경로를 거친다. 이러한 해류의 순환을 우리는 해양대순환(The great ocean conveyor)이라 명명한다.

여기서 우려되는 것은 지구온난화가 계속되면 그린란드바다 또한 온난화되는데, 이런 상황에서는 그린란드의 표층수가 냉각되기 힘들어 침강 속도가 떨어진다는 점이다. 게다가 북극해나 그린란드에 있는 빙하가 융해되어 대량의 담수가 흘러나오면 바닷물의 염분도 떨어진다. 그 결과 해수의 밀도는 가벼워지는데, 이 과정으로 해수의 침강 속도를 떨어뜨릴 가능성이 크다는 것이다. IPCC 4차 보고서에서는 '대서양의 해양대순환은 21세기 말까지 25% 전후까지 약화될 가능성이 있으며, 해양 생태계 등을 변화시킬 가능성이 있다'라는 결론을 내렸다.

북대서양과 남극해에 가라앉는 해수의 양은 초당 약 40메가톤이며, 해양대순환 주기는 대략 1,500~2,000년 정도로 판단된다. 이러한 전 지구 규모의 열염순환으로 인해 거대한 열이 고위도 쪽으로 이동(열평형을 이루기 위해서 저위도의 에너지가 고위도로 이동되는 것을 말한다)되고 있다. 특히 북서유럽에서는 북대서양 쪽으로 유입되는 난류에 의해 10℃ 정도에 이르는 열 이동이 이루어지고 있다. 이러한 해양대순환은 적도 부근의 열을 고위도지역으로 운반하는 것으로 전 세계 기후에 매우 중요한 역할을 하고 있다. 만일, 해양대순환이 멈추면 아프리카의 저위도 지역은 더욱 온난화가 진행되고, 반대로 유럽은 극단적으로 한랭화되는 등 파국적인 대변동이 일어날 것이란 예측도 나왔다.

특히 북대서양에서의 열염순환은 기온이나 물 순환 변화에 영향을 쉽게 받는다고 여겨지고 있어, 지구온난화가 진행됨에 따라 빙하나 빙상 융해로 인해 하천으로부터의 담수 유입이 증가하게 된다. 또한 고위도에서는 강우량 증가로 염분도가 감소하기 쉬워질 것이라 예측된다. 만약 그렇게 되면 과거에 일어났다고 여기지는 해수의 비중이 내려가면서 침강속도가 약해지고 결국에는 해양대순환이 정지하는 현상이 생길수도 있다(4-6절 참조). 단, 최근 연구결과에 따르면 해양대순환이 금세기 중에는 정지할 가능성이 낮은 것으로 보인다.

6.7 북극지역의 설빙 융해

현재의 그린란드 빙상과 다음 절에서 설명할 남극빙상이 모두 융해되면 해수면을 약 70m 정도 상승시키기에 충분한 물이라고 판단된다. 따라서 이들 체적이 아주 조금만 변해도 기후변화에는 중대한 영향을 미칠 것으로 예상된다. 알려진 바에 따르면, 그린란드에서 예상되는 기온은 지금까지의 기후 모델에 의한 실험을 통해 검토한 결과 일반적으로 전 지구 평균 지상온도보다 1.2~3배 높아진다. 중간 정도의 안정화시나리오(22세기 초에 예상되는 이산화탄소 농도로 650ppm 정도)와 표준적인 기후 모델을 이용했을 경우에도 22세기 초, 온실가스 농도가 안정된 단계에서 그린란드에서는 기온이 5℃ 이상 상승하게 된다. 따라서 이 상태가 1,000년 정도 지속되면 그린란드 빙상은 해수면을 약 3m 정도 상승시킬 수 있다. 그리고 만약 8℃ 상승하면 약 6m 상승시킬 것으로 예측된다. 여기에 해수 열팽창 효과로 해수면도 한층 더 상승(50cm~2m)될 것이다. 이처럼 1,000년 규모의 시간 스케일로 보면 온실가스 농도를 안정화시키는 것만으로도 해수면의 심각한 상승 가능성을 막을 수 있을 것이다. 즉, 빙상은 기후온난화에 계속 대응해 인위기원 온실가스농도가 안정화된 이후에도 수천 년에 걸쳐 해수면 상승의 주된 요인이 될 것이라 예상된다.

현재 북극해의 해빙은 감소하고 있다. 하지만 위성 관측 결과를 살펴보면, 최근 해빙 면적의 감소 속도는 기후 모델로 계산된 평균적인 감소 경향보다 빨라지고 있다고 한다(그림 6-6). 해빙 면적의 연간 변동은

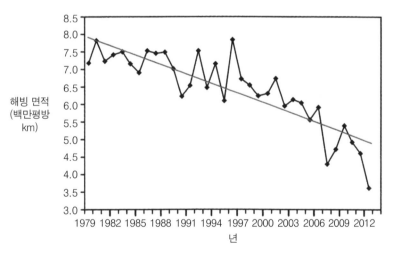

* 그림의 직선은 경향을 표시하는 회귀곡선

[미국 설빙데이터 센터]

그림 6-6 북극지역에서 해빙 면적(Sea ice extent)의 시계열

상당히 크게 변화하고 있기 때문에 이에 대해서는 좀 더 지켜볼 필요가 있다. 물론 2006년부터 2007년에 걸쳐 큰 감소 경향이 나타났을 때에는 몹시 걱정스러웠으나 그 후 회복되었다.

6.8 불가역적인 해수면 상승을 일으키는 남극 빙상

앞의 절에서 논의한 바와 같이, 중간 정도의 안정화 시나리오의 경우에는 남극 빙상에 수분이 보다 많이 공급되어 빙상이 발달한다고 지적된다. 그러나 21세기 말까지 유사한 이산화탄소 농도로 1,000ppm을 넘는 높은 안정화 시나리오나 감도가 큰 기후 모델을 사용했을 경우 농도가 안정된 뒤 남극 빙상의 융해가 현저하게 발생함으로써 해수면 상승에 기여하기 시작한다. 특히 서남극 빙상이 모두 녹으면 5m 정도의 해수면 상승이 일어난다는 예측이 나온다. 다만 이 예측결과는 기후변화의 시나리오나 빙상역학, 기타 요인 등 모델에 사용되는 가정에 의해 크게 좌우된다. 아주 간단한 빙상 유출 모델에 따르면, 온도가 10℃ 이상 상승하면 빙상 표면상에서의 미세한 질량손실이 확대될 것이라 예측된다. 일단 빙상의 가장자리부터 용해되어 후퇴하기 시작하면, 서남극 빙상의 지반은 대부분 해수면 아래에 있기 때문에 빙상 바닥에는 물이 흘러들어 결과적으로 돌이킬 수 없는 붕괴가 시작될 수밖에 없다. 이러한 빙상 붕괴가 일어나는 것은 적어도 수천 년은 걸릴 것으로 생각되지만 아직은 정확히 밝혀지지 않은 부분이 많아 앞으로의 지속적인 연구가 요구된다.

6.9 차세대 기후 모델

현재 우리가 사용 중인 기후 모델은 계산기가 발달한 덕분에 다양한 목적으로 업그레이드할 수 있다(그림 6-7). 그중 한 트렌드가 '모델의 고해상도화'이다. IPCC가 제시한 1차~4차 보고서를 보면, 지구 모델의 해상도는 해마다 향상되고 있으며 수평 해상도에 관한 그리드(격자)에서 한 변은 1990년 250~500km였으나, 2007년에는 50~100km가 되었다. 그리드의 크기가 500km 이하로 된 후에야 비로소 처음으로 고기압이나 저기압에 대해 분해 할 수 있게 되었고, 바로 이 시점에서 기상예보 정확도가 획기적으로 높아졌다. 또한 그리드의 크기가 100km 정도가 된 이후에는 일본 부근의 장마전선이나 열대저기압 같은 고·저기압의 자세한 구조를 재현할 수 있게 되었다. 지금은 이를 통해 수백 년에 걸친 영역별 기후를 알 수 있고, 격자 크기가 약 20km 정도되는 기후계

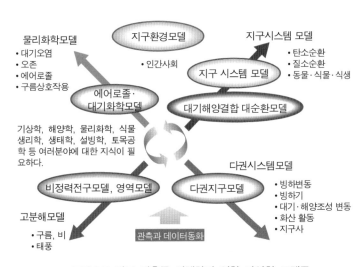

그림 6-7 지구 기후를 이해하기 위한 다양한 모델들

산도 시도되고 있다.[4]

그러나 이러한 고분해 기후 모델도 구름과 관련된 모델링을 하는 데는 충분하지 않다. 본래 구름은 그 스케일이 수 km라서 변동이 심한 현상이다. 그럼에도 불구하고 높고 엷은 구름은 현저한 온실효과를 일으키고, 저층에 있는 구름은 양산효과를 현저하게 일으키기 때문이다 (그림 6-2). 물론 모델의 불확실성도 있다. 모델에 따라서는 높고 얇은 구름이 많이 발생해 플러스의 방사 강제력을 일으키기 때문에, 이산화탄소에 의한 온난화가 증폭되는 결과를 보이는 경우도 있다. 다른 모델에서는 저층에서 구름이 많이 발생하고, 이로 인해 마이너스 방사 강제력도 발생해서 이를 온난화를 억제하는 기후로 계산되기도 한다. 즉, 현재의 기후 모델에서는 온난화로 인해 구름이 온난화를 증폭하는지 또는 억제하는지를 정확히 구분할 수 없다. 이러한 상황은 지난 10년간 바뀌지 않았다. 이것은 구름과 관련된 모델이 얼마나 어려운지를 보여준다. 특히 열대에서 순환은 불안정하고 수십 일 단위로 흐름이 바뀌어 수 km에 달하는 깊은 대류 구름이 막대한 에너지를 교환하고 있다. 그래서 열대 저기압 예측은 특히 더 어렵다.

이러한 문제를 풀기 위해 일본의 경우는 차세대 모델로 여겨지는 '전 지구 구름 해상 모델' 개발을 진행 중이다. 이 새로운 대기 모델은 비정역학 정 20면체 격자 대기 모델 'NICAM'이라 부른다. 이름 그대로 정 20면체 분할격자를 채용하고 있는 새로운 형태의 수치대기 모델이다. 현재까지 3.5km 격자 수준으로 전 지구의 구름을 해상도 높게 계산

4 　2020년 기준, 한국해양과학기술원에서 운용 중인 GOCI-II위성의 해상도는 한반도 주변에서 약 300m, 적도 부근 직하에서는 250m 정도이다. (역자 주)

하여 상세하게 구름의 분포를 계산할 수 있도록 설계되었다. 그림 6-8은 NICAM으로 계산한 적도지역의 대류 구름 시스템이다. 인공위성에 의해 관측된 구름 시스템의 특징을 매우 잘 재현하고 있다. 전 지구 구름 해상 모델은 차세대 기후 모델로서 폭넓게 운용될 것으로 기대된다.

구름 모델은 어렵지만, 실제 위성으로 관찰한 구름과는 거의 동일하다.

위성으로 관측된 구름(왼쪽)을 고해상도 모델로 재현한다(오른쪽).
[Miura et al.(Science 2007)]

그림 6-8 3.5km의 격자 사이즈를 가진 초고해상도 모델 'NICAM'

이러한 초고해상도 모델이 등장한 배경에는 '지구 시뮬레이션'5과 같은 초고속 슈퍼컴퓨터가 존재하기 때문이다. 3.5km의 기후 모델을 한

---

5 지구 시뮬레이션 : 2002년 가동된 해양연구개발기구 소유의 벡터형 슈퍼컴퓨터.

달 정도 '시간 적분'하는 것만 해도 힘든 작업이다. 따라서 최소 10년 정도 적분이 필요한 기후 시뮬레이션에서는 아직 이런 구름을 분해할 수 있는 최신 모델을 쓸 수 없다. 지구 시뮬레이터는 2002년에 만들어진 뒤, 약 2년 반 동안 세계 최고속도를 자랑했다. 그리고 계속해 '차세대 슈퍼컴퓨터'인 '경'이 2011년에 다시 세계 최고 스피드를 이룩했다. 이 슈퍼컴퓨터는 '경속 계산기'로 불리는데, 여기서 경속이라는 말은 1초에 1경회(1억의 1억 배)의 계산을 할 수 있다는 뜻이다. 지구 시뮬레이터는 1초에 40조회를 계산할 수 있다. 수치상으로는 250배 이상의 계산속도 가 빨라졌다는 이야기다. 다만 실제로는 다수의 CPU 간의 통신에 시간 이 걸려 그만큼 빨라지지는 않았다.

실행속도 36TFlops를 실현하여 2002년부터 2004년까지 세계 랭킹 Top 500 중에 1위였다. 현재의 확장형은 최대 이론 성능 131TFlops를 실현, 기후변동 시뮬레이션 등 다양한 과학계산에 이용되고 있다.

대기에서 일어나는 화학 과정이나 방사 강제력을 추측하는 데는 큰 불확실성이 존재하고 있어 에어로졸에 관한 모델링에도 진전이 필요하 다. 더욱이 지구표층 시스템에 포함되는 다양한 현상을 더욱더 많이 도입함으로써 '지구 시스템 모델'도 계속해서 발전 중이다. 여기에는 온난화로 인한 육상식물과 해양생물의 반응이나 탄소순환, 질소순환이 어떤 역할을 하는지 그 역할도 도입되기 시작했다. 세계적으로 보면 이러한 모델링은 아직 발전 중이고 모델에 의한 결과의 격차가 크긴 하지만 분명 앞으로 한층 더 발전해나갈 것이다. 이들과 인간이 상호작 용하는 환경적 관점을 도입함으로써 '지구환경 모델' 등으로 발전하는 것도 기대할 수 있다. 결국 앞으로 몇만~수십억 년 규모의 지구사 모델링을 가능하게 만드는 새로운 모델링으로의 발전이 기대된다. 그렇게 되면 빙상, 대기와 해양의 조성이나 양, 화산 활동, 조산운동(지각변동) 등이 이 모델에 도입될 것이다.

6.10 지금, 뭐가 필요한 것일까?

지금까지 살펴본 바와 같이, 기후변화 메커니즘에는 다양한 것들이 존재한다. 이것들이 하나 둘 발견될 때마다 매우 많은 학설들도 생겨났다. 그 하나하나가 시간과 함께 구체적인 현실에서 일어나는 현상으로 시험되고, 때로는 버려지고, 또 때로는 수정되면서 지금과 같은 최신 지식으로 쌓여졌다. 그러는 동안 시행착오와 방대한 정보가 축적되면서 1장 첫머리에서 소개한 IPCC의 결론으로 연결된 것이다.

지구에서 일어나는 기후변화를 이해하려면 이와 같은 깊은 지식이 필요하다. 그렇기 때문에, 오늘날 우리가 처한 지구온난화를 증명하기 위해서는 IPCC 1차 보고서가 발행된 1990년부터 거의 20년 이상의 시간이 필요했다. 이런 관점에서 보면, 향후 100년 정도의 시간 스케일에서는 지금까지 IPCC가 보고한 내용은 높은 신뢰성을 갖고 있다고 할 수 있다. 그다음 단계에서 필요한 것은 이러한 지구온난화 대책에 대한 냉철한 평가이다. 이를 위해서는 기후 모델링의 정확도를 한 단계 더 드높여야 한다.

당연히 모델의 정확도를 높이기 위해서 철저한 모델 개발이 필요하다. 1장 1-6절에서 다루었던 카오스 현상의 예에서는 간단한 장난감으로 이런 복잡한 변화를 설명했다. 하지만 지구 기후는 이런 장난감과 달리 훨씬 변화의 폭이 큰(결국 무수히 많은 진자가 연결되어 있는) 복합적인 시스템이다. 그래서 어트랙터(그림 1-10 참조)의 구조가 매우 복잡해질 수밖에 없다. 이렇게 복잡한 카오스 문제와 예측한계 문제는 아직도 충분히 연구되지 않았다. 바로 그렇기 때문에 아직 발전 가능성이 남아 있는 것이다. 오랜 경험에 따르면 기이하게도 많은 하위 과정을 집어넣을수록 하나의 현상을 더 잘 나타내는 모델이 나왔다고 할 수 있다. 따라서 가능한 한 제1원리부터 복잡한 모델을 만들어가는 것이 중요하게 다가온다.

그와 동시에 지구관측에 대해서도 충실히 수행할 필요가 있다. 획득된 데이터를 데이터동화 방법[6] 등을 사용해 모델 결과에 도입하거나 예측된 계산 결과의 경향과 일치하는지를 조사함으로써, 모델과 가정된 입력 데이터를 재검토할 수 있어야 한다. 이렇게 함으로써 모델과 관측 모두를 상시적으로 검토하면서 지구 기후에 대한 진단을 지속할 필요가 있다.

---

[6]   데이터동화 방법 : 모델에 의한 시뮬레이션 결과를 관측 데이터에 최적으로 접근시키기 위한 수치계산기술. 모델을 구동시키기 위해서 외부에서 투입되는 초기 상태나 입력 데이터에 다양한 변화를 주어 시뮬레이션을 여러 번 반복시키므로 관측데이터에 가장 가까운 시뮬레이션 값을 추정한다.

인용 및 참고문헌

▌1장 지구의 기후는 어떻게 만들어지는가?

Fleming, J.R.(1998). *Historical Perspectives on Climate Change*, Oxford Univ. Press, Inc., ISBN: 0-19-507870-5, p.194.

Goody, R.M., and Yung, Y.L.(1989). *Atmospheric radiation, Theoretical Basis. Second Edition*, Oxford Univ. Press, p.519.

IPPC 第 4次評価報告書第 1 作業部会報告書(2007). Solomon, S., D. Qin, M. Manning, Z. Chen, M. Marquis, K.B. Averyt, M. Tignor and H.L. Miller(eds.), Cambridge University Press, Cambridge, United Kingdom and New York, NY, USA. (日本語訳: http://www.data.kishou.go.jp/climate/cpdinfo/ipcc/ar4/index. html)

関口美保(2003). ガス吸収大気中における放射フラックスの算定とその計算最適化に関する研究, 学位論文, 東京大学, p.121.

Trenberth, K.E. et al.(2009). Earth's global energy budget, *BAMS*, March 2009, pp.311-323.

吉森正和 et al.(2012). 気候感度 Part 1 気候フィードバックの概念と理解の 現状, 天気, Vol.59, pp.91-109.

▌2장 전 지구 역사 속에 일어난 기후 변천 - 수십억 년 스케일

Abe, Y.(1993). Physical state of the very early Earth, *Lithos*, Vol.30, pp.223-235.

Kasting, J.F.(1987). Theoretical constraints on oxygen and carbon dioxide concentrations in the Precambrian atmosphere, *Precambrian Research*, Vol.34, pp.205-229.

Kasting, J.F.(1993). Earth's early atmosphere, *Science*, Vol.259, pp.920-926.

Tajika, E. and Matsui T.(1990). The evolution of the terrestrial enviroment, In *Origin of the Earth* (Newsom, H.E. and Jones, J.H. eds.), Oxford Univ. Press, pp.347-370.

Tajika, E. and Matsui T.(1992). Evolution of terrestrial proto-CO_2 atmosphere coupled with thermal history of the Earth, *Earth and Planetary Science Letters*,

Vol.113, pp.251-266.

Walker, J.C.G. et al.(1981). A negative feedback mechanism for the long-term stabilization of Earth's surface temperature, *Journal of Geophysical Research*, Vol.86, pp.9776-9782.

Zahnlem K.J.(2006). Earth's earliest atmosphere, Elements, Vol.2, pp.217-222.

▌3장 수십억 년부터 수억 년 스케일의 기후변동

Berner, R.A.(2006). GEOCARBSULF : A combined model for Phanerozoic atmospheric O_2 and CO_2, *Geochimica et Cosmochimica Acta*, Vol.70, pp.5653-5664.

Frakes, L.A. et al.(1992). *Climate Modes of the Phanerozoic*, Cambridge University Press, Cambridge, p.274.

Kirschvink, J.L.(1992). Late Proterozic low-latitude global glaciation : The Snowball Earth, *The Proterozoic Biosphere* (Schopf, J.W. and Klein, C. eds.), pp.51-52, Cambridge Univ. Press.

Kump, L.R. and Pollard, D.(2008). Amplification of Cretaceous warmth by biological cloud feedbacks, *Science*, Vol.320, p.195.

Meyer, K.M. and Kump, L.R.(2008). Oceanic euxinia in Earth history : causes and consequences, *Annual Review of Earth and Planetary Science*, Vol.36, pp.251-288.

Robert, F. and Chaussidon, M(2006). A Palaeotemperature curve for the Precambrian oceans based on silicon isotopes in cherts, *Nature*, Vol.443, pp.969-972.

Royer, D.L. et al.(2004). CO_2 as a primary driver of Phanerozoic climate, *GSA Today*, Vol.14(3), pp.4-10.

Tajika, E.(1998). Climate change during the last 150 million years : Reconstruction from a carbon cycle model, *Earth and Planetary Science Letters*, Vol.160, pp.695-707.

Tajika, E.(2003). Faint young Sun and the carbon cycle : Implication for the Proterozoic global glaciations, *Earth and Planetary Science Letters*, Vol.214, pp.443-453.

田近英一(2009). 新潮選書「凍った地球－スノーボールアースと生命進化の物語」,

新潮社, p.196.

田近英一(2009). DOJIN 選書 「地球環境46億年の大変動史」, 化学同人, p.228.

4장 최근 백만 년 스케일의 기후변동

阿部彩子・増田耕一(1996). 第四紀の気候変動, 地球惑星科学 11巻 「気候変 動論」, 岩波書店, pp.103-156.

Abe-Ouchi, A. et al.(2007). Climate Conditions for modeling the Northen Hemisphere ice sheets throughout the ice age cycle, *Climate of the Past*, Vol.3, pp.423-438.

Barreiro, M. et al.(2008). Abrupt climate changes : How freshening of the Northern Atlantic affects the thermohaline and wind-driven oceanic circulations, *Annual review of Earth and Planetary Science*, Vol.36, pp.33-58.

Brook, E.(2008). Windows on the greenhouse, *Nature*, Vol.453, pp.291-292.

Dansgaard, W. et al.(1993). Evidence for general instability of past climate from a 250-kyr ice-core record, *Nature*, Vol.364, pp.218-220.

Ikeda. T., and Tajika, E.(2002). Carbon cycling and climate change during the last glacial cycle inferred from the isotope records using an ocean biogeochemical carbon cycle model, *Global and Planetary Change*, Vol.35, pp.131-141.

伊藤孝士・阿部彩子(2007). 第四紀の氷期サイクルと日射量変動, 地学雑誌, Vol. 116(6), pp.768-782.

松岡景子ほか(2007). 海洋生物化学炭素循環モデルを用いた暁新世/始新世境 界温暖化極大イベントにおける炭素循環変動の復元, 地学雑誌, Vol.115(6), pp.715-726

中島映至(1980). 地球軌道要素の変動と気候, 気象研究ノート, Vol.140, pp.503-536

大河内直彦(2008). チェンジング・ブルー: 気候変動の謎に迫る, 岩波書店, p.402.

Zachos, J. et al.(2001). Trends, rhythms, and aberrations in global climate65 Ma to present, *Science*, Vol.292, pp.686-693.

▌5장 최근 기후변화를 이해하다

Agee, E.M., et al.(2012). Relationship of lower troposphere could cover and cosmic rays : An updated perspective, *J. Climate*, pp.1057-1060.

江守正多(2008). 地球温暖化の予測は「正しい」か?, 化学同人.

文部科学省, 気象庁, 環境省(2009). 温暖化の観測・予測及び影響評価統合レ ポート,「日本の気候変動とその影響」, 2009年 10月.

中澤高清・青木周司(2010). 地球規模の炭素循環: 大気, 地球変動研究の最 前線を訪ねる(小川利裕, 及川武久, 陽捷行遍), 清水弘文堂書房, pp.88-108.

中島映至・早坂忠裕編(2008). エアロゾルの気候影響と研究の課題, 気象研究 ノート, 日本気象学会, 218巻, p.177.

中島映至・井上豊志郎監訳(2009). 変わりゆく地球 衛星写真にみる環境と温暖 化, 丸善株式会社, ISBN: 978-4621-08110-5 C3044, p.384.

日本学術会議報告(2009). 地球温暖化問題解決のために: 知見と施策の分析 我々の取るべき行動の選択肢, 2009年 3月 10日, 日本学術会議地球温暖 化問題に関わる知見と施策に関する分析委員会.

National Oceanic and Atmospheric Administration. Trends in Atmospheric Carbon Dioxide : Full Mauna Loa CO_2 record. (http://www.esrl.noaa.gov/gmd/ccgg/trends/#mlo_full)

U-T San Diego(2008). Keelings' half-century of CO_2 measurements serves as global warming's longest yardstick: March 27, 2008. (http://legacy.signonsandiego.com/news/seience/20080327-9999-1c27curve.html)

▌6장 21세기 기후 예측 및 차세대 기후 모델

Friedlingstein, P., et al.(2006).Climate-carbon feedback analys : Results from the C4MIP model intercomparison, *J. Climate,* Vol.19, pp.3337-3353.

Gregary, J.M., et al.(2009). Quantifying carbon cycle feedbacks, *J. Climate,* Vol.22, pp.5232-5250.

Hajima, T., et al.(2012). Climate change, allowable emission, and earth system response to representative concentration path way scenarios, *J. Meteor. Soc. Japan,*

Vol.90, pp.417-434.

国立環境研究所地球環境研究センター(2009). ココが知りたい地球温暖化 (気象 ブックス 026), 成山堂書店.

Miura, H., M. Satoh, T. Nasino, A.T. Noda, and K.Oouchi(2007). A Madden-Julian Oscillation Event Realistically Simulated by a Global Cloud-Resolving Model, *Science*, 318, 1763-1765, doi : 10.1126/science.1148443.

Moss, R.H., J.A. Edmonds, K.A. Hibbard, M.R. Manning, S.K. Rose, D.P. van Vuuren, T.R. Carter, S. Emori, M. Kainuma, T. Kram, G.A. Meehl, J.F.B. Mitchell, N.Nakicenovic, K. Riahi, S.J. Smith, R.J. Stouffer, A.M. Thomson, J.P. Weyant, and T.J. Wilbanks(2010). The next generation of scenarios for climate change research and assessment. *Nature*, 463, doi : 10.1038/nature08823.

O'ishi, R., et al.(2009). Vegetation dynamics and plant CO_2 responses as positive feedbacks in a greenhouse world, *Geophys. Res. Lett.,* Vol.36, L11706.

Ridley, J.K., et al.(2005). Elimination of the Greenland ice sheet in a high CO_2 climate, *J. Climate*, Vol.17, pp.3409-3427.

NASA news(2010). Missing 'Ice Arches' Contributed to 2007 Arctic Ice Loss : February 18, 2010. (http://www.nasa.gov/topics/earth/features/earth20100218.html)

▌추신

Hansen, J.(1981). Climate impact of increasing atmospheric carbon dioxide, *Scince*, Vol.213, pp.957-966.

中島映至 et al.(2011). 原発事故: 危機における連携と科学者の役割, 科学, 岩波書店, Vol.81, pp.934-943.

저자 에필로그

결과론적으로 말해, 수많은 데이터와 시뮬레이션 결과에 따르면, 최근의 지구온난화 현상은 우리 인간 활동 때문에 발생되는 온실가스의 증가가 주된 원인으로 간주되며, 그와 동시에 이를 자연요인으로만 설명할 수 없다는 것을 보여주고 있다. 그럼에도 불구하고 한편으로는 자연에서 일어나는 변동요인도 무시할 수 없다. 우리들의 경험을 통해 말할 수 있는 것은 지구의 기후는 갖가지 변화요인이 뒤엉킨 미묘한 균형 위에서 형성되고 있어서 그 변화를 정확히 이해하는 것이 생각보다 어렵다는 것이다. 또한 최첨단 기후연구를 진행하며 느낀 것은 '우리 인간은 쉽게 오류에 빠지는 동물'이라는 점이다. 이런 점 때문에 지구온난화 대책 수립에 동원되는 수많은 지식을 주의 깊게 축적해야 하고 사물의 본질을 깊이 이해하지 않으면 안 된다. 이 부분은 지구환경 문제를 다루는 데의 특수성일 수 있다.

언젠가 앞으로 10년이 지나면 어떤 것이 현실을 더 반영했는지 분명히 알게 될 것이다. 이와 관련해 흥미로운 그림을 하나 소개하겠다(그림 A). NASA 고다드 우주연구소의 제임스 한센 등이 1981년 논문에 발표한 이 그림에 따르면(이미 이 책의 본문에서도 여러 차례 설명했듯이) 온도 변화는 일률적인 상승을 나타내는 것이 아니고 오르락내리락하면서 변화한다는 점이다. 이 점이 그간의 많은 회의론을 낳은 배경이었다.

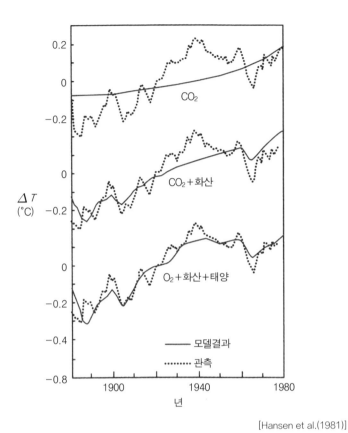

[Hansen et al.(1981)]

그림 A CO_2, 화산성 에어로졸, 태양 조도, 해양의 영향을 포함한 전 지구 지표면 평균
　　　기온 편차

　이 그림은 그림 5-3에 제시된 기온변화에 대한 시계열 중 일부이다.
오늘날을 살아가는 우리들에게는 1970년대경에 대두된 온난화 경향이
그 뒤를 이어 계속된 온난화 경향의 일부임을 알 수 있다. 그러나 우리가
똑같은 질문을 1981년에 받았다면, 과연 최근의 온난화를 예측할 수
있었을까? 이런 평균적 지표기온의 복잡한 변화를 설명하기 위해 1980
년 그 당시에도 많은 연구자들의 다양한 의견이 제기되었다. 예를 들어,

1940~1960년대에 걸쳐 일어난 저온화 경향 때문에 당시 지구 한랭화가 일어날 것으로 우려된 적이 있었다. 그러나 현재는 당시의 한랭화 경향의 원인이 화산 활동과 태양 활동에 의해 나타날 수 있었다고 논의된다. 또한 대기와 해양 간의 상호작용에 의한 장주기 공진현상에서 그 이유를 찾는 사람들도 존재했다. 이처럼 기후변화 연구는 해당 시점에서 유일한 답이 주어지는 것은 아니지만 실증적인 것은 분명하다.

이것은 지식이 옛날보다 현저히 축적된 현재에도 통용된다. 왜냐하면 지구 기후를 형성하고 있는 시스템(기후계) 자체가 매우 복잡하고, 어떤 변화의 경우는 다른 메커니즘을 고려해야 할 필요가 있기 때문이다. 특히 우리에겐 태양 활동과 관련해서는 11/22년 주기 이외의 주기를 설명하는 이론조차 충분히 확립되어 있지 않은 상태다.

이런 가운데 한센은 이미 1980년대에 인위기원인 이산화탄소가 계속 증가하는 한, 1990년 이후 기온상승 경향이 현저해질 것이란 모델 계산에 따른 예측을 한 바 있다. 한센이 사용한 모델은 태양방사의 변화, 화산 활동뿐 아니라 인위기원 이산화탄소 증가 등에 대한 것으로서, 당시로는 최신 지식을 토대로 받아들인 것이어서 제반 요인을 제대로 계산할 수 있었다. 이 결과에 따르면, 이대로 인위기원 이산화탄소가 계속 증가하면, 1990년경부터는 온실효과가스에 의한 온실효과가 다른 요인을 압도할 것으로 계산되었다.

이러한 연구 성과로 한센 박사는 2010년 블루플래닛상[1]을 수상했다. 기념강연에서 그가 했던 인상적인 말은 "1980년 당시 지구온난화

---

1   블루플래닛상(Blue Planet Prize Winners) : 아사히 유리 재단(The Asahi Glass Foundation)에 의해 1992년에 창설된 지구 환경 관련 국제상. 제임스 한센은 2010년에 수상했다.

현상에 대해 어느 정도 자신감을 갖고 있었느냐"라는 질문에 "그 당시부터 확신했다"라는 답변이다. 이 일화는 기후현상에 대한 깊은 지식과 그에 기초한 이론적 예측이 얼마나 중요한지를 이야기해준다.

그러나 동시에 한센의 연구는 화산 활동이 앞으로 계속 빈번하게 발생하거나 태양에너지 출력이 약해진다면 지구가 한랭화될 것임을 부정하지 않았다. 사실 한센은 1940~1960년대에 일어난 한랭화 경향을 화산 활동이 빈발하면서 성층권이 오염되었기 때문에 빚어진 것이라고 결론내렸다.

이제 중요한 것은 이와 같이 복잡한 변화의 구조를 과거의 기후변화를 포함해 가능한 한 정확히 이해하고 장래에 일어날 수 있는 사태에 대처하는 것, 그리고 고려하지 않았던 사태가 일어났을 경우 사용 중인 모델에 변형시켜 예측 정확도를 높이려는 노력이다. 성급하게 지구온난화 회의론에 빠져 판단을 제대로 하지 않는다면, 대책을 위한 귀중한 시간을 잃는 것이다. 그래서 대책을 위한 노력과 기후변화에 대한 한층 더 깊은 연구가 필요하다. 현재 IPCC에서는 5차 보고서의 집필이 이루어지고 있으며, 2013~2014년에 관한 자료가 곧 발표될 예정이다. 그렇게 되면 이 책에서 다루지 못한 불충분한 부분에 대한 새로운 의견이 조만간 제시될 것이다.

지금까지의 기후변화 연구를 바탕으로 오늘날 우리가 무엇을 믿어야 하는지에 대한 기초적인 구조를 함께 생각해보는 자료가 되었으면 하는 바람에서 이 책을 발간했다. 책의 저술을 위해 현대적인 온난화 지식뿐만 아니라 수년에서 수십 억 년에 걸친 다양한 스케일의 기후변화를 되짚어봄으로써 다양한 기후변화의 메커니즘과 실제 기후가 어떻게 성립되는지를 이해하는 방법을 택했다. 여기에는 방대한 지식이 필요해서 공동 필자인 우리 두 사람은 각자 자신의 전문 분야를 집필할 필요가 있었다.

우리가 저술했던 다양한 기후변화는 다양한 원인 때문에 일어나고 있어서 상당히 많은 기술이 요구되리라 여겼다. 그러나 그것이 지구시스템이 연결된 그랜드 피드백 시스템(grand feedback system)임을 감안할 때 그 내부에는 서로 관련되거나 공통되는 메커니즘이 존재한다는 것을 알았다. 따라서 무엇보다 이런 변화의 메커니즘을 먼저 이해하는 것을 목표로 책의 집필 방향을 설정했다. 마지막으로, 일본 후쿠시마 제1원자력 발전소 사고는 대기 중에 방대한 양의 방사성 물질을 퍼뜨렸다. 필자인 우리는 이 문제에 대해서도 여러 측면에서 관여해왔지만 지구 기후 연구와 비슷한 과제와 전략상 문제점이 곳곳에서 발견되는 현실을 경험했다. 방사성 물질이 어떻게 환경에 영향을 주는지를 파악하려면 향후 수십 년에 걸친 감시와 연구가 필요하다. 온난화연구와 문제해결의 길이 서로 다르지 않은 것처럼, 여기에 대한 올바른 판단이 결코 유보되는 일이 없도록 부단한 노력이 중요하다.

2012년 12월

나카지마 테루유키

타지카 에이이치

역자 에필로그

    역자 서문에서도 잠시 언급했지만, 기후변화는 그 변화 양상과 변화 속도 그리고 지역과 지역 간에 생기는 변화의 영향이나 불균형적 변화에서도 차이를 나타낸다. 기후변화를 보는 관점에 따라서도 천차만별이다. 얼마전까지만 해도 지질시대를 망라하여 수십 억 년 스케일 또는 수억 수백만 년이란 긴긴 시간적 스케일로 기후변화의 현상을 이해하려고 노력했다. 그러나 최근 들어서는 과거의 고기후 자료가 축적되면서부터 그런 시간적 스케일을 좁혀서 살피려는 경향이 있다. 수십 년 또는 수년과 같은 시간 단위는 우리 인간이 쉽게 인식할 수 있는 스케일이다. 그럼에도 불구하고 중요한 것은 이렇게 기후변화를 보는 관점이 달라졌다고 해서 기후변화가 야기하는 근본적인 본질이 변화한 게 아니라는 점이다. 다만 한 가지 염두에 둘 것은 우리가 살아가는 현대사회가 직면한 기후변화의 다양한 영향과 그 위험성에 우리가 어떻게 효율적으로 적응할 수 있을지, 좀 더 현실성 있고 설득력 있는 대처법일 것이다.

    수년 주기로 반복되는 엘니뇨나 라니냐 현상을 해양환경 변화와 더불어 이상기후변화의 한 단면으로 인식되기 시작한지는 오래되었다. 좀 더 시간을 좁혀 보면, 매년 반복되는 여름철 무더위나 열대야, 한겨울의 혹한 등에서 볼 수 있듯이, 오늘날 세계 곳곳에 나타나는 갖가지 변화들이 실제로는 기후변화와 직결되었다는 이야기로 귀결되고 있다. 예를 들어, 북극진동이 약해지거나 강해지면 중위도에 위치한 우리나라 같은 국가의 겨울철 온도는 이에 대응해 따뜻한 겨울이 되거나 또는 한층 더 한랭한 겨울이 되기 쉽다. 또한 여름철 태풍이 자주 발생하는 이유도 따지고 보면 주된 원인은 열대성 저기압의 발달 때문인데, 이 모두는 해양환경의 변화에 그 원초적 원인이 있다. 시야를 확장해 지구사적 관점에서만 기후변화를 논하기보다 우리의 실제적인 일상생활 관점에서도 기후변화의 양상을 주시해야 할 이유가 바로 여기에 있다.

IPCC에서 보고된 것처럼 기후변화에 관련된 다양한 데이터는 나날이 축적되고 있고, 세계 각국의 새로운 데이터 축적을 위한 노력도 이어지고 있다. 국내에서도 IPCC가 3차 보고서를 내놓았을 때 관련연구자들은 그 내용을 일별했고, 관련된 연구결과를 세세히 검토하는 등 현상에 대한 다양한 인식과 대처법에 대한 노력을 기울여왔다. 뿐만 아니라 그 후 2015년 IPCC 5차 보고서가 발간되었을 때에도 기상청에서는 관련 내용을 번역해 모두가 알 수 있도록 공표했다. 지금도 기상청 홈페이지에는 번역한 IPCC 보고서 전체를 자료실에 공개했고, 그 핵심사항을 누구든 쉽게 볼 수 있도록 요약보고서도 함께 올려놓았다. 이것은 기후변화에 관해 심층적, 복합적, 종합적 분석과 이해를 기반으로 한 IPCC 보고서의 중요성을 우리 정부가 매우 비중 있게 인식하고 있다는 반증이다. 더더욱 중요한 것은 IPCC 보고서의 공개 횟수가 거듭될수록 기후변화에 관한 새로운 정보들이 나왔고, 이를 통해서 우리가 기후변화를 한층 더 깊이 이해할 수 있는 폭도 심화되었다는 점이다. 이것은 기후변화의 중요성이 갈수록 더 심각해지고 있다는 이야기이기도 하다.

이번 번역서의 근간을 이루는 IPCC 4차 보고서는 2010년에 보고되었다. 이 책의 발간 이후 4년 뒤인 2014년 말에는 IPCC 총회가 5차 보고서를 인준했다. 새로 발표된 IPCC 5차 보고서는 앞서 발표된 지금까지의 보고서보다 한층 더 정확한 과거의 관측데이터가 수록되어 있고, 더욱 정교하게 미래에 일어날 가능성이 있는 기후변화 양상에 대해서도 언급하고 있다. 그중 한 예는 앞서 4차 보고서에서는 과거 1906년부터 2005년간(100년)의 지구 평균기온이 0.74°C 정도 상승했다고 언급했지만, 5차 보고서에서는 112년간(1901~2012년) 0.87°C가 상승했다는 과학적 사실 발표를 들 수 있다. 또한 3~4차 보고서에서는 과거에 일어났던 기후변화를 보다 긴 시간 스케일로 주목한 데 반해, 5차 보고서에서는 기후변화의 시간 스케일을 가급적 좁혀서 보려는 경향을 보인다. 이것은 계절변화나 연간변화 같은 기후변화와 관련된 갖가지 환경변화에 대한 우리의 관심이 짧은 시간 스케일 단위로 옮겨지고 있다는 이야기다. 왜냐하면 최근 지구촌의 현안문제로 급부상한 것이 기후변화 그 자체라면, 기후변화에 대한 우리의 일상적 관심과 관점 역시 이 현상을 바라보는 시간 스케일을 좀 더 좁혀서 봐야 할 필요성이 있다고 판단했기 때문이 아닐까 생각한다. 이런 시각은 기후변화의 시간축이 우리 인간의 생활과 직결될 수밖에 없는, 짧은 시간 내에서 이루어지는 탓일 것이다.

바로 이런 시점에서 최근 IPCC 보고서 내용들 가운데 발전적으로 연구된 부분과 오늘날 우리의 관심사가 점점 최근 기후변화를 좀 더 세밀히 살피려는 쪽으로 기울어지고 있다는 것에 나는 주목하지 않을 수 없었다. 특히 이 책의 원저자가 처음 책을 집필하면서 가졌던 집필 의도는 당시로선 분명 과학적 입장에서는 진일보한 것이다. 따라서 우리는 현대적인 온난화 지식뿐만 아니라 수년, 수십억 년에 걸친 다양한 스케일의 기후변화를 되짚어봄으로써 각종 기후변화 메커니즘과 실제로 존재했던 기후와의 상관관계를 주목해야 한다. 다만 원저자의 집필 의도와 지금의 과학적 연구 결과는 다소의 차이가 있을 수 있다. 이런 점을 감안하여 이 책을 번역한 번역자로서는 원저자의 의도인 또 다른 한 축, 즉 지금까지의 기후변화 연구를 바탕으로 오늘날 우리는 어떤 과학적 데이터를 좀 더 중시해야 하고, 무엇을 어떤 관점에서 믿어야 하는지에 대한 기초적인 구조도 함께 생각해봐야 한다는 것에 전적으로 동의하지 않을 수 없다.

이렇게 차수를 달리하며 발표되는 IPCC 보고서 간의 차이와 집필자의 의도를 종합해서 생각한 결과, 번역자로서는 기후변화에 관한 한 과거의 기록은 과거의 기록대로 이해해야 하고, 최근의 기후변화는 최근의 자료를 토대로 이해하고 분석한 기후변화 연구 성과로 정확히 이해할 필요가 있다고 판단되었다. 이런 이해의 지평에서 이 책의 근간이 된 IPCC 4차 보고서를 원문에 충실히 번역함과 동시에, 한층 정교해진 분석 결과와 예측 결과를 추가로 책에 덧붙였다. 물론 번역작업은 번역작업대로 원본에 충실해야 한다는 기본적인 인식과 틀은 그대로 유지할 수밖에 없었다. 따라서 이 책을 읽는 독자들은 역자가 원서에 충실한 한편, 가급적 최신 정보도 함께 제공할 수 있는 저술 방법을 택했다는 점을 알아줬으면 한다. 바로 이 에필로그를 할애해 최신 정보를 요약 정리한 것은 이런 이유에서다. 독자들의 궁금증과 과학적 이해를 돕고자 가장 최근 공표된 IPCC 5차 보고서에 수록된 최신 정보를 다음과 같이 정리해보았다.

IPCC 5차 보고서(AR5)는 제40차 IPCC 총회가 열린 2014년 11월 1일에 채택된 것이다. 여기에 요약해서 기술하는 내용은 5차 종합보고서의 요약본을 일부 발췌해서 수록한 것이다. 이 종합보고서와 요약보고서의 구성은 4개 부분(SPM 1～4)으로 구성된다. 즉, SPM1 관측된 변화와 그 원인, SPM2 미래의 기후변화와 위험, 영향, SPM3 완화 및 지속가능한 발전에 대한 미래 경로, SPM4 적응 및 완화 부분이 그것이다. 또한 각 부분마다 다시 몇 개의 주요 내용이 요약되어 있다. 이 에필로그를 할애해 IPCC 5차 보고서를 번역하고 공식적으로 공개한 기상청의 자료를 다시 요약하되 앞서 말한 4개 부분을 순서에 따라 약술하기로 한다.

요약보고서의 첫 부분인 SPM 1의 주요 내용은 인간은 기후 시스템에 명백하게 영향을 미친다는 이야기다. 주된 근거로는 최근 관측된 변화를 토대로 다양한 데이터를 제공한 점이다. 최근 배출된 인위기원 온실가스의 양은 관측 이래 최고 수준이며, 기후변화는 최근의 인간계와 자연계에 광범위한 영향을 주고 있다는 결론을 내린다. 이 첫 번째 결론은 다음 4개의 세부결론으로 제시된다.

- SPM 1.1(관측된 기후 시스템 변화) : 기후 시스템이 온난해지고 있다는 것은 자명한 사실이며, 1950년대 이후 관측된 변화의 대부분은 수십 년에서 수천 년 내 전례 없었다. 대기와 해양의 온도 및 해수면은 상승하고 있는 반면 눈과 빙하의 양은 감소하고 있다.
- SPM 1.2(기후변화의 원인) : 경제 및 인구 성장이 주원인이 되어 나타난 산업화 시대 이전부터 인위적 온실가스 배출량은 계속 증가해왔고, 현재 가장 높은 수준을 보이고 있다. 현재 이산화탄소, 메탄, 아산화질소의 대기 중 농도는 인위적 배출로 인한 지난 80만 년 내 최고 수준이다. 기타 인위적 동인과 함께 전례 없던 수준의 온실

가스 배출이 전체 기후 시스템에 영향을 주는 것은 계속해 탐지되어 왔다. 이는 20세기 중반 이후 관측된 온난화의 주원인일 가능성이 대단히 높다.

- SPM 1.3(기후변화의 영향) : 전 대륙과 해양에 걸쳐 최근 수십 년 동안 기후변화가 일어나 자연계 및 인간계가 영향을 받았다. 그 원인이 무엇이든 지금까지 관측된 기후변화가 이런 영향을 초래했는데, 이는 기후가 변함에 따라 자연계 및 인간계도 민감하게 반응한다는 것을 의미한다.
- SPM 1.4(극한 현상) : 1950년 이래로 다수의 극한 기상 및 기후현상에서 변화가 관측되었다. 이러한 변화들 중 일부는 인간 활동과 관련된 것으로, 이에 따라 극한 저온현상 감소, 극한 고온현상과 극한 해수면 증가 및 많은 지역에서의 호우 빈도수도 증가하고 있다.

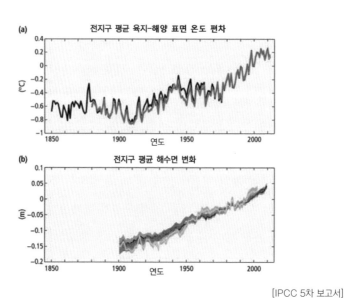

[IPCC 5차 보고서]

그림 E-3 요약보고서 첫 번째 주제에 관한 데이터

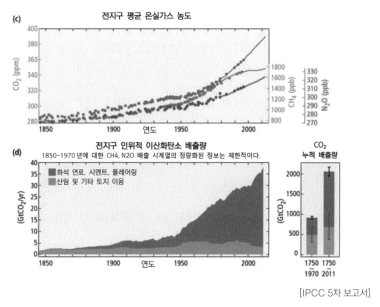

그림 E-3 요약보고서 첫 번째 주제에 관한 데이터(계속)

　요약보고서 중 두 번째 부분인 SPM 2에서는 미래의 기후변화와 위험, 그 영향에 대해 언급하고 있다. 즉, '온실가스 배출이 계속됨에 따라 온난화 현상은 더욱 심화되고 기후 시스템을 이루는 모든 구성요소들은 장기적으로 변화하는데, 이는 결과적으로 인간계 및 생태계에 심각하고 광범위하게 작용해 돌이킬 수 없는 영향을 미칠 것이다. 기후변화를 제한하기 위해서는 온실가스 배출량을 큰 폭으로 줄이려는 지속적인 노력이 필요하며, 감축과 적응을 통해 기후변화 위험을 예방할 수 있을 것이다'라고 강조한다. 두 번째 결론도 몇 개의 세부 결론으로 다시 요약하고 있다.

• SPM 2.1(미래 기후의 주요 동인) : 이산화탄소 누적 배출량은 21세

기 후반과 그 이후의 평균 지구 표면 온난화에 상당한 영향을 미친다. 미래 온실가스 배출량은 사회경제적 개발과 기후 정책에 따라 매우 다르게 전망된다.

- SPM 1.2(기후 시스템에서 전망되는 변화) : 온실가스 배출 시나리오에 근거한 결과는 지구 표면 온도는 21세기 전반에 걸쳐 상승할 것으로 전망된다. 다수의 지역에서 폭염 발생 빈도 및 지속 기간뿐만 아니라 극한 강수 현상의 발생 빈도 및 강도 또한 증가할 가능성이 매우 높다. 해양에서는 온난화와 산성화가 지속될 것이며 전 지구 평균 해수면은 계속 상승할 것이다.

- SPM 2.3(기후변화에 대한 미래 위험 및 영향) : 기후변화는 기존의 위험을 증폭시킬 뿐만 아니라 자연과 인간관계에 새로운 위험을 가져올 것이다. 위험은 균일하게 분포하지 않으며, 개발 수준을 막론하고 모든 국가마다 취약 계층 및 지역사회가 상대적으로 더 큰 위험에 노출될 것이다.

- SPM 2.4(2100년 이후의 기후변화, 비가역적이고 갑작스러운 변화) : 인위적 온실가스가 더 이상 배출되지 않는다 할지라도, 다양하게 나타나는 기후변화와 그 영향은 앞으로 수세기에 걸쳐 계속될 것이다. 온난화가 심화됨에 따라, 갑작스럽게 나타나거나 불가역적인 변화의 위험이 증가될 것이다.

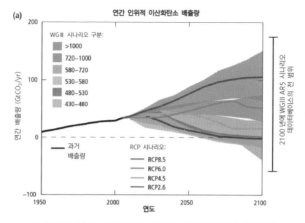

그림 E-4 각종 시나리오에 근거한 이산화탄소 배출량

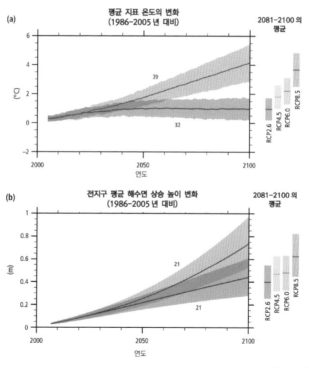

[IPCC 5차 보고서]

그림 E-5 평균 지표 온도변화와 전지구 평균 해수면 상승 높이 변화

요약보고서의 세 번째 부분은(SPM 3), 적응과 완화 및 지속가능한 발전을 위한 미래 경로를 다루고 있다. 기후변화에 적응하고 완화를 위한 대응은 기후변화를 예상대로 억제하지 못했을 경우 우리가 그 영향을 최소화하기 위한 방편이기도 하다. 요약보고서는 적응과 완화를 기후변화의 위험을 관리하기 위한 상호 보완적 전략으로 규정한다. 향후 수십 년 내 배출량을 현저히 줄인다면, 21세기부터 나타나고 있는 기후 위험을 저감시키고, 효과적인 적응에 대한 기대를 높일 수 있다고 한다. 적응과 완화를 통해 장기적으로 완화에 따르는 비용과 관련 문제를 줄여 지속가능한 발전을 향한 기후−복원 경로에 기여할 수 있다고 기술한다. 세 번째 부분 역시 몇 개의 세부결론을 제시하고 있다.

- SPM 3.1(기후변화 정책 결정의 기반) : 기후변화와 그 영향을 제한하기 위한 효과적인 정책 결정은 거버넌스, 윤리적 측면, 형평성, 가치판단, 경제평가, 위험 및 불확실성에 대한 다양한 인식과 대응 등의 중요성에 대해 인지하고, 예상되는 위험 및 편익을 평가하기 위한 분석적인 방법을 통해 마련될 수 있다.
- SPM 3.2(적응 및 완화를 통한 기후변화 위험 감소) : 오늘날의 노력 외에 추가적인 완화 노력이 이루어지지 않는다면, 비록 적응이 추진된다고 할지라도 온난화로 인해 21세기 말까지는 매우 높은 수준의 불가역적이고 광범위하며, 심각한 영향이 전 지구적으로 나타날 것이다. 완화는 단기 완화 노력만으로는 편익을 증대시키는 여러 수준의 부수적 이익과 부정적인 역효과를 동반한다. 하지만 이에 동반되는 위험은 기후변화로 인한 위험처럼 광범위하고 돌이킬 수

없는 심각한 영향을 발생할 가능성과는 같다고 할 수 없다.

- SPM 3.3(적응 경로의 특성) : 적응을 통해 기후변화 영향의 위험을 줄일 수 있지만, 기후변화의 규모가 커지고 진행 속도가 빨라질 경우 그 효과성은 제한될 수 있다. 지속가능한 발전의 맥락에서 좀 더 장기적인 관점으로 본다면, 보다 즉각적 적응 행동을 할 가능성이 높아질 경우 미래의 선택권과 준비성을 향상시킬 것이다.

- SPM 3.4(완화 경로의 특성) : 온난화를 산업화 이전 수준 대비 2℃ 이내로 제한하기 위한 다양한 완화 경로가 존재한다. 이러한 경로들을 실현하기 위해서는 향후 수십 년 내 배출량을 상당 수준 감축해야 하며, 이산화탄소 순 배출량을 0에 가깝게 수렴시키고, 대기에 잔류하는 시간이 긴 온실가스들을 이번 세기 말까지 줄여야 한다. 이렇게 감축하는 것은 부수적인 기술적, 경제적, 사회적 및 제도적 문제를 유발시킬 수 있고, 관련 핵심기술을 사용할 수 없거나 추가적인 완화가 지연될 경우에는 오히려 이 문제가 증가한다. 온난화를 좀 더 낮거나 높은 수준으로 제한할 때도 비슷한 문제들이 나타나는데, 그 시간 범위가 다르다.

요약보고서 네 번째 부분(SPM 4)은 기후변화에 대한 적응 및 완화에 관련된 보고이다. 이 부분도 기후변화에 대한 대응의 일환으로서 적응 및 완화를 위한 다섯 개의 세부항목으로 구성된다. 적응 및 완화에 대한 전체 요약은 다음과 같이 기술한다. 즉, 기후변화에 대처하는 것을 돕는 많은 적응과 완화 방안들이 있다. 하지만 하나의 방안만을 사용할 경우 그 효과는 충분히 나타날 수 없다. 이들 방안을 효율적으로 이행하기

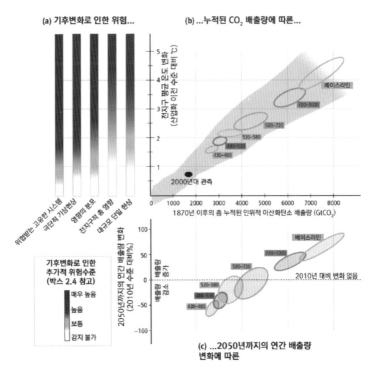

(a) 기후변화로 인한 위험...　　　(b) ...누적된 CO_2 배출량에 따른...

기후변화로 인한
추가적 위험수준
(박스 2.4 참고)

■ 매우 높음
▨ 높음
▨ 보통
□ 감지 불가

(c) ...2050년까지의 연간 배출량
변화에 따른

그림 E-6 기후변화로 인한 위험, 기온변화, 누적 이산화탄소 배출량 및 2050년까지의
연간 배출량 변화 간의 관계(IPCC 5차 보고서)

위해서는 규모를 막론하고 모든 유형의 관련 정책과 협력을 유도하는
것이 중요하고, 적응 및 완화를 다른 사회적 목표와 연계하는 통합적
대응을 통해 그 효과성을 향상시킬 수 있다. 네 번째 주제에 대한 세부
보고 결론은 다음과 같다.

- SPM 4.1(적응 및 완화 대응의 공동 장려 요인 혹은 공동 제약 요인): 적응
  과 완화 대응을 모두 강화시킬 수 있는 요인을 공동 장려 요인이라
  고 하며, 덧붙여 효율적인 제도 및 거버넌스, 환경 친화적인 기술,

기반시설 혁신과 투자, 지속 가능한 생활 및 행동양식과 라이프
스타일의 선택 등이 있다.

- SPM 4.2(적응 방안) : 적응 방안은 모든 부분에서 가능하지만 적응
의 이행과 기후 관련 위험을 줄이는 잠재력 측면에서는 지역과 부분
별로 다르게 나타난다. 일부 적응 대응은 중요한 부분적 이익, 시너
지 그리고 트레이드 오프(trade-off)를 수반한다. 기후변화가 심해질
경우 많은 적응 방안을 이행하기 어려워질 것이다.

- SPM 4.3(완화 방안) : 모든 주요 부문에서 완화 방안이 존재하며,
에너지 사용과 최종 사용자 부분에서의 온실가스 원단위를 감소시
키고 에너지 공급의 탈탄소화를 유도하는 온실가스 순 배출량을
줄이고 토지 기반 부분의 탄소 흡수원을 늘리기 위해 결합된 통합적
인 접근법을 사용할 경우보다 비효과적일 수 있다.

- SPM 4.4(적응 및 완화, 기술 그리고 재정에 대한 정책 접근법) :
적응 및 완화의 효율성을 높이기 위해서는 세계, 지역, 국가 및
하위–국가 등 다양한 수준에 걸쳐 관련 정책 및 대책이 뒷받침되
어야 한다. 기후변화 대응을 위한 재정뿐만 아니라 기술 개발, 확산
및 이전을 지원하는 모든 수준의 정책은 적응 및 완화를 직접적으로
추진하는 정책을 보완하고 그 효율성을 높일 수 있다.

- SPM 4.5(지속 가능한 발전과의 트레이드 오프, 시너지 및 상호작용) :
기후변화로 인해 지속가능한 발전이 위협받을 수 있지만, 통합적
대응을 통해 완화, 적응 및 기타 사회적 목표를 연계할 수 있는 기회
가 다수 존재한다. 이러한 통합 대응의 성공 여부는 관련 도구, 거버
넌스 구조의 적합성 및 대응 역량 강화 정도에 따라 크게 달라진다.

지금까지 요약 정리한 것은 지구 기후변화에 관한 최신의 핵심 연구 결과를 집대성한 IPCC 5차 보고서 내용이다. 하지만 우리가 기억할 점이 있다. 바로 이 보고서가 나온 이후로도 기후변화에 대한 다양한 정보들이 축적되고 있다는 점이고, 그럼에도 불구하고 기후변화를 아직도 완전히 이해하고 있지 못하다는 점이다. 바로 그렇기 때문에 기후변화에 관한 미래 예측은 여전히 불확실성을 포함하고 있다. 그렇다면 우리는 이제부터 무엇을 어떻게 해야 할 것인가? 이것은 저자가 에필로그에서 언급한 것처럼 기후변화에 관한 우리의 연구가 어디로 가야 할 것인가와 유사한 질문으로 돌아가지 않을 수 없다.

거듭 강조하거니와 우리는 기후변화를 좀 더 냉철하고 정확히 바라봐야 한다. 그리고 좀 더 객관적이고 과학적인 데이터를 토대로 최근 인류사 및 인간 생활과 관련되는 시간 스케일로 연구해야 한다. 이 책을 읽는 독자와 연구자들이 이런 분명한 연구 방향과 실천에 공감한다면, 이 책은 나름의 충분한 의미를 가질 것이라 확신한다. 이 분야를 줄기차게 연구하는 한 명의 연구자로서, 국내의 기후변화에 대한 연구 방향과 연구 목표가 전 지구촌을 대상으로 공표되는 IPCC의 세세한 세부 결론과 목표를 지향하며 보다 적극적인 대응, 현명한 대처 방안을 포함한 활기찬 연구가 지속되기를 희망해본다.

찾아보기

저자 및 역자 소개

저자   Teruyuki Nakajima
        도쿄대학교 대기해양연구소 지구표층권 변동연구센터장·교수
        1977년 토호쿠대학원 지구물리학 전공(이학박사)
        NASA 우주비행센터 객원연구원(1987-1990년)
        대기과학, 위성 리모트센싱 분야 등 다수의 논문
        일본 학술회의 회원
        전 국제대기방사학회장

        Eiichi Tajika
        도쿄대학교 대학원 신영역 창성과학연구과 복수이학계 전공 교수
        1987년 도쿄대학교 지구물리학과 졸업
        1992년 도쿄대학교 대학원 지구물리학 전공(이학박사)
               지구혹성시스템 전공
        『대기의 진화 46억 년 : 산소와 이산화탄소의 불가사의한 관계』『지구환경
        46억 년의 대변동사』『얼어붙은 지구 : 동결지구와 생명진화 이야기』 등의
        저서

역자   **현상민**

한국해양과학기술원 책임연구원

일본 도쿄대학교 이학연구과 박사

지구환경변화, 기후변화, 해양환경변화 분야 전공

『초미세먼지와 대기오염』『미세먼지 X파일』『해양대순환』『지구표층환경의 진화』등 10여 권의 저역서와 그 외 전공분야 논문 Barium in hemipelagic sediment of the northwest Pacific : Coupling with biogenic carbonate 외 60여 편 발표

감수자   **최영호**

해군사관학교 인문학과 명예교수

KIOST 자문위원

기후변화 과학

초판인쇄 2020년 12월 23일
초판발행 2020년 12월 30일

저   자 Teruyuki Nakajima, Eiichi Tajika
역   자 현상민
펴 낸 이 김성배
펴 낸 곳 도서출판 씨아이알

편 집 장 박영지
책임편집 최장미
디 자 인 백정수, 윤미경
제작책임 김문갑

등록번호 제2-3285호
등 록 일 2001년 3월 19일
주   소 (04626) 서울특별시 중구 필동로8길 43(예장동 1-151)
전화번호 02-2275-8603(대표)
팩스번호 02-2265-9394
홈페이지 www.circom.co.kr

I S B N 979-11-5610-908-2 93450
정   가 18,000원